ÉTUDES DIVERSES

PASSE-TEMPS

SCIENTIFIQUE ET HISTORIQUE

29606

ÉTUDES DIVERSES

—————

PASSE-TEMPS

SCIENTIFIQUE ET HISTORIQUE

PAR

E. GILBERT

PHARMACIEN

Ex-interne des Hôpitaux de Paris

DES VINS DANS L'ANTIQUITÉ
LEUR HISTOIRE

—————

LE MOINE BASILE VALENTIN

—————

LE FEU GRÉGEOIS
ETC., ETC.

MOULINS

IMPRIMERIE DE FUDEZ FRÈRES

—

1869

PREMIÈRE PARTIE

DES VINS

DE LA BIÈRE

DE L'HYDROMEL

ET DE LEURS DIVERSES PRÉPARATIONS

DANS L'ANTIQUITÉ

CHAPITRE PREMIER

Considérations générales. — Idées des Anciens sur la Vigne et la Vinification.

Sans vouloir remonter au déluge, non plus qu'à la fameuse découverte de la vigne par le patriarche Noé, nous bornant sous ce rapport à une question toute scientifique, nous vous rappellerons, pour mémoire, que s'étant enivré sans le savoir, il ne se mit pas dans l'état peu décent sous lequel nous le peint l'Ecriture, après avoir tout bonnement mangé du raisin.

Il dut nécessairement en exprimer le suc, ne se doutant pas, le digne homme, que la matière sucrée se transforme en alcool sous l'influence du ferment.

Si les idées de Noé ne s'étendaient pas jusque-là, c'est chose de sa part très-pardonnable, attendu que, même plusieurs mille ans après, les anciens les plus ferrés dans la matière n'étaient guère plus avancés que lui.

Ils savaient très-bien, ces savants primitifs, que le moût perd, au bout de quelque temps, sa saveur sucrée, et qu'il acquiert la propriété d'enivrer. Mais s'ils connaissaient les effets, ils étaient loin de soupçonner la cause.

A partir de cette mémorable époque, ce que fut la culture de la vigne, ce que nous appelons aujourd'hui la vinification, les plus érudits, les fouilleurs les plus infatigables des temps reculés, ne sauraient fournir là-dessus que les données les plus vagues.

Toutefois, quelque indécises qu'en soient les lueurs, il se projette une certaine clarté sur cette question dès le seizième ou le dix-septième siècle avant

Jésus–Christ, alors que l'Egypte, ce berceau de toute civilisation, mise en présence d'une nature riche en toutes choses, voulant améliorer son bien-être matériel, fit des progrès si notables dans l'agriculture et dans toutes les branches qui en dépendent.

Mais ici comme dans toutes les périodes de l'histoire des peuples anciens, la mythologie, sous le prétexte de poétiser, de diviniser, et les institutions et les hommes, et les découvertes et les inventeurs; la mythologie, disons–nous, vient mêler ses récits mensongers aux vérités de l'histoire.

C'est sur cette dernière que nous devons nous appuyer, sans néanmoins négliger tout à fait les conséquences que nous pouvons déduire des faits erronés ou dénaturés que renferme la fable.

Or, c'est un historien, c'est Diodore de Sicile qui nous raconte que, selon la tradition des Egyptiens, Osiris apprit aux hommes à cultiver la vigne et à faire le vin.

Un génie immortel, que nous appellerons un poëte doublé d'un historien, Homère, l'ami de tous les littérateurs, l'ennemi de tous les écoliers, a dans maints endroits de ses poëmes, décrit les ven—

1*

ÉTUDES DIVERSES

———

PASSE-TEMPS

SCIENTIFIQUE ET HISTORIQUE

49606

ÉTUDES DIVERSES

PASSE-TEMPS

SCIENTIFIQUE ET HISTORIQUE

PAR

E. GILBERT

PHARMACIEN

Ex-interne des Hôpitaux de Paris

DES VINS DANS L'ANTIQUITÉ
LEUR HISTOIRE

LE MOINE BASILE VALENTIN

LE FEU GRÉGEOIS
ETC., ETC.

MOULINS

IMPRIMERIE DE FUDEZ FRÈRES

1860

PREMIÈRE PARTIE

1

DES VINS

DE LA BIÈRE

DE L'HYDROMEL

ET DE LEURS DIVERSES PRÉPARATIONS

DANS L'ANTIQUITÉ

CHAPITRE PREMIER

Considérations générales. — Idées des Anciens sur la Vigne et la Vinification.

Sans vouloir remonter au déluge, non plus qu'à la fameuse découverte de la vigne par le patriarche Noé, nous bornant sous ce rapport à une question toute scientifique, nous vous rappellerons, pour mémoire, que s'étant enivré sans le savoir, il ne se mit pas dans l'état peu décent sous lequel nous le peint l'Ecriture, après avoir tout bonnement mangé du raisin.

Il dut nécessairement en exprimer le suc, ne se doutant pas, le digne homme, que la matière sucrée se transforme en alcool sous l'influence du ferment.

Si les idées de Noé ne s'étendaient pas jusque-là, c'est chose de sa part très-pardonnable, attendu que, même plusieurs mille ans après, les anciens les plus ferrés dans la matière n'étaient guère plus avancés que lui.

Ils savaient très-bien, ces savants primitifs, que le moût perd, au bout de

quelque temps, sa saveur sucrée, et qu'il
acquiert la propriété d'enivrer. Mais s'ils
connaissaient les effets, ils étaient loin
de soupçonner la cause.

A partir de cette mémorable époque,
ce que fut la culture de la vigne, ce que
nous appelons aujourd'hui la vinification, les plus érudits, les fouilleurs les
plus infatigables des temps reculés,
ne sauraient fournir là-dessus que les
données les plus vagues.

Toutefois, quelque indécises qu'en
soient les lueurs, il se projette une certaine clarté sur cette question dès le seizième ou le dix-septième siècle avant

Jésus-Christ, alors que l'Egypte, ce berceau de toute civilisation, mise en présence d'une nature riche en toutes choses,
voulant améliorer son bien-être matériel,
fit des progrès si notables dans l'agriculture et dans toutes les branches qui
en dépendent.

Mais ici comme dans toutes les périodes
de l'histoire des peuples anciens, la
mythologie, sous le prétexte de poétiser,
de diviniser, et les institutions et les
hommes, et les découvertes et les inventeurs; la mythologie, disons-nous, vient
mêler ses récits mensongers aux vérités
de l'histoire.

C'est sur cette dernière que nous devons nous appuyer, sans néanmoins négliger tout à fait les conséquences que nous pouvons déduire des faits erronés ou dénaturés que renferme la fable.

Or, c'est un historien, c'est Diodore de Sicile qui nous raconte que, selon la tradition des Egyptiens, Osiris apprit aux hommes à cultiver la vigne et à faire le vin.

Un génie immortel, que nous appellerons un poëte doublé d'un historien. Homère, l'ami de tous les littérateurs, l'ennemi de tous les écoliers, a dans maints endroits de ses poëmes, décrit les ven—

danges et les fêtes auxquelles elles donnaient lieu... .. Seulement, il est regrettable que sa muse, s'étendant avec plaisir sur les délices que procurait à ses héros le doux jus de la treille, n'ait pas daigné s'abaisser jusqu'à nous esquisser l'art et les secrets de la préparation du vin à cette époque pantagruélique où quelques convives grecs consommaient à eux seuls un bœuf entier par repas.

Plus modeste et plus pratique, Hésiode donne des conseils pour tailler la vigne, et chaque peuple de l'antiquité voit mentionner dans son histoire le vin que produit sa contrée, sa préparation, les manières de le conserver, et surtout le triple but auquel était affecté ce précieux liquide comme objet de sacrifice, comme boisson ou comme remède.

Ce furent les Phocéens qui, les premiers, introduisirent la culture de la vigne dans l'Archipel et dans le territoire de Marseille. Ce ne fut pas sans de grandes difficultés de la part de quelques gouverneurs, dans les parties privilégiées de la Gaule, où la culture de la vigne fut d'abord essayée.

Ici, ne pourrions-nous pas dire que c'est parce qu'ils avaient su très-bien apprécier les délicieux vins d'Italie, que nos ancêtres se précipitèrent sur cette contrée fortunée?... Si ce n'est pas une cause, une raison, c'est du moins un motif, un prétexte qui, selon nous, a bien un côté quelque peu plausible.

Il n'y a rien d'étonnant, non plus, que les Romains aient pénétré à cette époque dans la partie occidentale de l'Espagne, poussés qu'ils étaient par l'attrait des vins généreux de l'ancienne Lusitanie, et dans une partie du pays des anciens Callaïques qui habitaient dans la province nommée aujourd'hui *Tra los Montes*. Cet État, le plus beau de l'Europe

par sa fertilité et sa richesse, c'est le
Portugal.

Ce qui peut faire accréditer cette
idée, c'est que les anciens connaissaient
l'île de Madère; Pline la désigne sous le
nom de *Cerne Atlantica*, quoique certains
commentateurs appliquent la situation
qu'il en donne à l'île de Madagascar, et
disent qu'il est plus certain que Madère
était une des îles nommées *Purpurariæ*.
Pline en parle comme donnant les
meilleurs vins de la terre.

Quoique vantés des anciens, ces vins
n'avaient pas la réputation que le Madère
s'est acquise de nos jours.

L'île de Madère tomba dans l'oubli, et en 1420, elle fut découverte pour le roi de Portugal Jean Ier, dit le *Père de la Patrie*, par Jean Gonzalve et Tristan Vasée; ils lui donnèrent le nom de Madère, qui signifie bois ou forêt. Jean Gonzalve et Tristan Vasée mirent le feu aux nombreux bois touffus qui couvraient l'île, et l'histoire rapporte que s'étant retirés dans leurs vaisseaux, ils faillirent mourir de soif, faute d'eau douce. L'île fut défrichée, la vigne plantée, et le plant qui y fut porté, venu de Candie, y produit des grappes longues de deux pieds environ, et donne, bien plus aujourd'hui qu'à l'époque des anciens, le meilleur vin de la terre.

Le Portugal, tout le monde le sait, jouit d'une position exceptionnelle ; il est arrosé par de beaux et nombreux cours d'eau ; le sol y est d'une fertilité merveilleuse ; la végétation plantureuse, luxuriante ; le climat, presque partout, d'une enviable salubrité. A tous ces avantages, ajoutez les relations commerciales que l'ancienne Rome pouvait facilement entretenir avec cette contrée, et vous admettrez avec nous que les Romains devaient faire d'assez fréquentes visites à la terre bénie dont les mines inépuisées alors fournissaient en abondance ce métal qui *est une chimère*... dans l'opéra que vous connaissez... l'or, oui l'or, que le peuple-roi venait chercher en Lusitanie, pour le transporter dans cette Rome où il servait à payer, à corrompre... Mais revenons à nos... vins. — Et ces vins, dans la période qui nous occupe, étaient les plus riches. Qu'étaient-ils, auprès d'eux, ces produits frelatés, sophistiqués, que la sensualité si raffinée de ces tristes Romains de la décadence se faisait une gloire de rechercher !

CHAPITRE II

Des Vins dans l'antiquité, de leurs diverses préparations.
L'Aigleucose, le Diachyton, le Vin de Cos, de Sapa. — les Vins blancs de
Lesbos, l'Aminée, le Phanée. — Opinion de Virgile. — Le Vin d'Argos,
le raisin de Lagos, — le Passo-Psythia, — Les Vins de Falerne,
le Thase, le Maréotide, le Séline, le Gérube, le Sabin, le
Nomentin, le Spolitain, le Mamertin. — Des Caves, des Urnes, des
Amphores, des Dolia. — Du Fumarium & de l'Apotheca. —
Introduction des Vins étrangers à Rome. — Vins frappés. — Vins à
l'essence de térébenthine. — Vins aromatisés. — Vins épicés. — Vins
parfumés. — Festins & Libations.

La vinification était, de la part des
Romains, le but de soins tout particu-
liers; les artifices employés étaient fort
nombreux.

En première ligne, on voit figurer le vin doux : cette spécialité était personnelle aux Grecs, lesquels l'avaient transmise aux Romains.

Comme la fermentation aurait pu s'accomplir complètement, ces derniers soumettaient cette espèce de vin à une très-basse température, en ayant soin de maintenir le tonneau dans l'eau froide.

Ce vin doux ou *aigleucos* se fabriquait dans la province Narbonnaise ; et Pline raconte que ses habitants possédaient une grande habileté pour falsifier les vins [1]. Il dit aussi que, pour bien réussir

[1] Hist. nat. XIV. 7.

danssafabrication, avant que les grappes
fussent dans un état de maturité avan-
cée, ils avaient le soin de contourner le
pédoncule, de le tordre, et de le laisser
de cette manière encore longtemps sur
la vigne [1].

Du reste, aujourd'hui, sous le nom de
raisins tordus, nous voyons figurer sur
nos tables, pendant l'hiver, des raisins
conservés par le même procédé.

Pour la conservation du raisin, Pline
nousapprend, en s'exprimant d'une façon
poétique : *Sobolem novam in matre ipsa*

[1] Hist. nat., C. IX.

translucide vitro [1], que, pour conserver les grappes sur la vigne, on avait le soin de les enfermer dans des fioles de verre; on enduisait les pédoncules de poix résine et on les conservait jusqu'aux vendanges suivantes.

Il nous apprend encore [2] qu'il existait un vin nommé *diachyton* qui avait un fumet remarquable : il fallait, avant le pressurage, faire sécher les raisins pendant sept jours au soleil, dans un endroit clos et sur des claies éloignées de la terre. La nuit, on les préservait de la rosée;

[1] Hist. naturelle, c. XIV. Pl.
[2] Hist. nat. c. IX. Pl.

le huitième jour enfin on les soumettait
à la presse.

Le vin blanc de Cos se préparait ainsi :
les raisins étaient cueillis peu avant leur
maturité ; on les exposait aux rayons
d'un soleil ardent, on les retournait trois
fois par jour ; le jus en était ensuite
exprimé, on le recueillait et on le laissait
fermenter dans des barils. Pline expose
ensuite qu'on finissait de les remplir avec
une grande quantité d'eau de mer, ce
qui fait que l'on nommait ce vin, Vin
mariné.

Vient ensuite le vin de *Sapa*, qui était
un vin excessivement doux, d'une épais-

seur très-consistante et qui servait à falsifier le miel.

Pour l'obtenir, on faisait bouillir le moût jusqu'à réduction d'un tiers. C'était une espèce de *Rob*, autrement dit extrait liquide très-épais.

Pline rapporte que les vins connus des Grecs et des Romains, pouvaient bien s'élever au nombre de quatre-vingts environ. L'Italie en fournissait au moins les deux tiers.

Avant lui, dans ses *Géorgiques*, livre II, Virgile chante les vins d'Italie : il cite les vins blancs de Lesbos, les vins de Rhétie, les vins forts d'Aminée, le vigoureux

Phanée, le vin léger d'Argos, le plus coulant, et celui qui se conserve le plus longtemps ; enfin, les raisins de l'île de Rhodes, dont la liqueur charme les dieux et les mortels. Il parle aussi des raisins de Bumaste qui, gros comme les tétines d'une vache, donnent un vin exquis.

Il cite le Passo - Psythia. Lacerda croit que ce vin se récoltait sur quelques coteaux d'Italie qui portaient ce nom. Avant d'exprimer les raisins, on les exposait longtemps au soleil dans la vigne même. Ce vin s'appelait Passo, ou Passum, du verbe *pati*, souffrir, parce que ces raisins souffrent le soleil, s'en trouvent très-bien.... *Et Passo Psythia utilior tenuis que Lageos.* Le vin de Lageos était produit par un raisin qui, par sa couleur, ressemblait au poil du lièvre, du mot grec *lâgos* (lièvre).

Le vin de Rhétie se récoltait sur les confins de l'Italie. Auguste, dit Suétone, l'aimait beaucoup; cela n'empêche pas Virgile de le mettre bien au-dessous du Falerne. Sous quelques empereurs, peut-être aurait-il coûté la vie à quiconque aurait osé ne mettre qu'au second rang le vin favori de l'empereur.

Le vin de Falerne, dont nous allons

parler plus bas, était recueilli sur une montagne de ce nom; il est étonnant que Virgile ne parle point du Cécube si célébré par Horace; c'est peut-être celui que Virgile appelle l'Aminée *firmissima*, c'est-à-dire un vin qui a du corps, et qui se soutient long-temps. Columelle lui donne le même éloge.

Le raisin de Rhodes, ou le vin de ce nom, se présentait au dessert : c'était le moment où l'on faisait les libations en l'honneur des dieux.

Le Tmole, qui était fertile en safran, l'était aussi en excellent vin. On voyait à Pouzolles une base de colonne dédiée

2

à Tibère, sur laquelle sont quatre figures
en bas-relief, représentant quatre provinces d'Asie avec leurs attributs et le
nom des figures au bas de chacune; le
Tmole y est représenté en Bacchus, sans
doute à cause de l'abondance et de la
bonté de son vin.

Le mont Thmolus était près de la
ville de Sardes. Dans les musées qui
possèdent les bustes du Tmole, on le
voit représenté sous la forme d'un vieillard couronné de raisins et de pampre.
Tous ces monuments prouvent combien
le vin qu'on y recueillait était estimé.
Il ne serait pas à douter que, si nos

peintres et nos sculpteurs avaient à caractériser la Champagne ou la Bourgogne, ils ne fissent le même honneur à leurs vins.

Le vin de Thase était recueilli dans une île de la mer Egée.

Enfin, le vin de Maréotide était du vin d'Egypte, près du lac Maréotis, — et comme si le poëte était effrayé par le nombre des vins qu'il ne peut citer, il s'écrie :

Sed neque quam multæ species, nec nomina quæ sint,
Est numerus ; neque enim numero comprendere refert
Quem qui scire velit Lybici velit æquoris idem
Discere quàm multæ zephyro turbentur arenæ ;

Aut ibi navigiis violentior insidit Eurus
Nosse quot Ionii veniant ad littora fluctus.

VIRGILE (Géorgiques, livre II').

«Mais qui pourrait compter et nommer toutes ces sortes de vins? On pourrait plutôt compter les vagues que l'aquilon sur les mers courroucées pousse sur les bords, et dans les brûlants déserts, on compterait plutôt les sables emportés dans les airs par le vent.»

Pline nous apprend que Démocrite seul avait cru qu'on pouvait compter les différentes espèces de vins; l'utilité ni la possibilité d'un tel calcul ne sont guère concevables.

Les principaux vins des anciens en Italie étaient le Falerne, le plus célèbre de tous, que le poëte Horace a tant aimé, puisqu'il l'a si bien chanté. — Ce vin était fort âpre, et n'acquérait ses bonnes qualités qu'au bout de dix années de garde.

La richesse alcoolique de ce vin était tellement grande, que, au dire de Pline, il avait comme caractère distinctif de s'enflammer au contact du feu.

Le Massique ainsi que le Falerne, étaient produits par les mêmes crûs de la Campanie heureuse, le *Sétine*, mis au premier rang par Auguste, le Cécube,

2*

un des vins favoris d'Horace, *puis le Sabin, le Nonentin, le Spolitain.*

Enfin le *Mamertin*, introduit, dit-on, à Rome, la première fois, par Jules-César.

En Egypte, en Asie, en Afrique, les vins étaient fort renommés : ceux de Méroé tenaient la première ligne. Horace nous apprend que la reine Cléopâtre l'aimait trop, puisqu'elle en faisait un usage immodéré. « *Mentem que lymphatam Mareotico redegit in veros timores* ».

Marseille fournissait une assez grande quantité de vins à Rome ; mais on leur reprochait de trop ressentir le *Fuma-rium*.

L'usage de soumettre le vin à la chaleur, et partant au *Fumarium*, remonte aux peuples de l'Asie. Encore aujourd'hui, les habitants de Madère emploient, pour mûrir leurs vins, un procédé analogue; les vases qui renferment ce liquide sont placés dans le voisinage d'un four près du foyer de la cuisine.

Les caves étaient inconnues des anciens; ils avaient des celliers où ils plaçaient les vins les plus légers.

Les vins forts étaient placés dans une chambre nommée *apotheca*, au-dessus du fumarium. Ils acquéraient donc une maturité rapide ainsi exposés à l'action directe de la chaleur et de la fumée.

Pour que la fumée ne pénétrât pas dans le vin, on avait le soin de bien boucher les vases qui le contenaient.

Quoi qu'il en soit, ces vins jouissaient de peu de considération. Plusieurs auteurs ont blâmé sévèrement ces procédés, et leurs produits, et ils racontent qu'un certain marchand de vin de Narbonne, appelé Munna, s'abstenait de se présenter chez ses clients de Rome, dans la crainte qu'on ne le forçât d'avaler son propre vin.

Dans quoi les Romains et les anciens renfermaient-ils leurs vins? Primitive-

ment, ce dut être dans des outres faites
de peaux d'animaux, enduites de résine,
pour empêcher qu'il ne se perdît. —
Homère nous représente Ulysse se diri-
geant vers l'antre du Cyclope, portant
une outre remplie d'un vin généreux
que lui avait donné le prêtre d'Apollon.

Néanmoins, c'était dans des vases que
les Grecs et les Romains renfermaient
leurs vins. Ces vases étaient l'urne et l'amphore. La capacité de l'urne était égale
à la moitié de celle de l'amphore, et l'amphore contenait généralement vingt-sept
litres. — On a prétendu que les anciens
ne connaissaient pas les tonneaux, et

qu'ils désignaient, sous le nom de *Dolia*, de grands vases dans lesquels ils renfermaient le vin. C'est une erreur, car Pline, en parlant des tonneaux des Gaulois, s'exprime ainsi : « *Circa Alpes vasis ligneis conducunt, circulis que cingunt,* » mais les tonneaux de bois quoique connus, servaient moins ordinairement que les outres, ce qui fait que, si généralement, dans leurs caves ou celliers, les anciens possédaient plutôt des vases de terre, comme les amphores et les urnes, c'est qu'ils avaient remarqué sans doute que le vin s'y conservait mieux, et qu'il éprouvait moins de déperdition en qualité.

Les Romains avaient deux espèces de vaisseaux pour conserver le vin : les dolia et les amphores; les premiers, qu'ils désignaient sous le nom de *dolia fictilia*, étaient plus grands que les amphores, et servaient ordinairement à conserver le vin, le blé.

Les amphores étaient d'une dimension inférieure à celle des *dolia*, et étaient destinés à renfermer le vin qui devait être consommé dans un très-court espace de temps. — Les *dolia* se posaient quelquefois sur le sol, d'autres fois on les enfonçait en terre, on les fermait avec un couvercle scellé au plâtre ; on ne négligeait pas de les couvrir d'une couche d'huile, surtout quand on voulait le conserver longtemps en cet état. Quand on voulait faire usage du vin, on enlevait l'huile, on puisait le vin, on le transvasait dans les amphores, et on les rangeait les unes à côté des autres, au moyen de leur extrémité inférieure qui s'enfonçait dans le sol.

Les vins étrangers ne furent admis que tard dans Rome ; mais le luxe et le progrès toujours croissant du commerce en favorisèrent l'exploitation. Ils s'y répandirent avec profusion.

Varron rapporte que Lucullus encore

tout enfant, n'avait vu qu'une seule fois
du vin grec présenté sur la table de son
père; à son retour de son expédition
d'Asie, il en fit distribuer 800,000 litres
au peuple.

Les vins soumis au fumarium, dont
nous avons parlé plus haut, devenaient
excessivement épais, de là l'usage de
chauffer et d'étendre d'eau, surtout les
vins d'une qualité commune.

Plus ordinairement, les Romains mé-
langeaient à leur vin de l'eau bouillie,
plutôt tiède que chaude. En été, ils
avaient la précaution d'y ajouter, pour

3

le rendre frais, de la neige ou de la glace.

Du temps de Sénèque, des industriels vendaient dans leurs boutiques, à Rome, de la neige et de la glace recueillies à grands frais dans les montagnes, et qu'ils conservaient dans des trous recouverts avec de la paille.

Ce fut le sybarite et cruel Néron, son élève, qui, par raffinement de goût, eut le premier l'idée, non de mettre le réfrigérant dans le vin lui-même, mais de faire entourer, comme on le fait encore si souvent de nos jours, le vase dans lequel il était contenu. Chose curieuse dans les mœurs de cette époque: en Grèce,

les femmes buvaient du vin, mais elles
ne paraissaient point à table ; à Rome,
elles assistaient au festin, mais il leur
était défendu d'en boire : un cas d'ivresse
chez elles était puni de mort. Pendant le
repas, comme de nos jours, on coupait
le vin avec de l'eau ; ce n'était qu'à la
fin du repas, quand apparaissaient les
vins étrangers qu'on les buvait purs :
alors l'amphytrion excitait les convives
à remplir les coupes, et on buvait à César
et aux amis.

Pour éviter les maux de tête que
l'excès des vins pouvait causer, les Romains se serrèrent d'abord le front avec

des bandeaux de toile ou de drap; ensuite,
ils prirent des couronnes de lierre, de
de myrthe et de roses, ou même d'or. Les
convives tiraient au sort le maître du
festin, qui réglait le nombre de coups que
chacun devait boire et qui donnait des
ordres à l'échanson pour la distribution
des vins. — Les personnes que les con-
viés amenaient quelquefois avec eux,
étaient appelées *ombres*, parce qu'ils sui-
vaient le convié comme l'ombre suit
le corps ; — mais ceux qui venaient au
festin sans y être invités, étaient appelés
mouches, parce qu'ils se rendaient impor-
tuns et que les insectes entrent généra-

lement malgré nous, principalement dans les salles à manger.

A l'égard des convives, Varron disait que leur nombre devait égaler au moins celui des Grâces qui, comme on le sait, était de trois, et qu'il ne devait pas dépasser celui des Muses, lequel était de neuf. Erasme dit qu'on pouvait y ajouter un dixième convié pour représenter Apollon; d'autres ne voulaient que sept personnes dans un festin, d'où est venu ce proverbe:

Septem convivium, novim convicium.

Macrobe en met douze, joignant les Grâces et les Muses; et Casubon fait remarquer qu'Auguste fit un repas où

il y avait douze convives qui représen-
taient les douze principales divinités :
Jupiter, Neptune, Vulcain, Mars, Apollon, Mercure, Junon, Vesta, Cérès,
Vénus, Diane et Minerve. — Héliogo-
bale aimait le nombre huit, à cause du
proverbe grec : tout est huit (*apanta
octo*). C'est pourquoi il convia un jour,
huit chauves, huit louches, huit sourds,
huit goutteux, huit hommes grands, huit
gros, huit noirs, huit qui avaient de
grands nez. Ces extravagances lui étaient
familières, car on sait qu'il fit un jour
dresser à Rome la liste officielle de tous
ceux qui étaient bossus, les engagea à

venir à ses bains, et les fit baigner devant ses yeux.

On avait la coutume, dans tous les repas, de mettre de côté une coupe pleine de vin, c'était la part de Mercure, elle lui était destinée.

Chaque convié pouvait envoyer de sa part à sa femme. Macrobe rapporte que, certain chevalier romain, étant à table avec Auguste, et voulant saisir le prétexte de se plaindre d'une grive maigre qui lui avait été servie, demanda à l'empereur s'il était permis d'envoyer une grive maigre ; le prince répondit qu'il ne l'en empêchait pas, et il la jeta par la fenêtre.

Le mot *mittere* en latin, contient une équivoque, qui ne peut se représenter en français, car *mittere* signifie envoyer et jeter au loin, c'est pourquoi l'empereur ayant dit à Cursius : *Quidni liceret mittere?* ce dernier avait pris de là le prétexte de jeter la grive.

Il était aussi dans la coutume de boire, en l'honneur de la personne dont on portait à la santé, autant de coups qu'il y avait de lettres dans son nom. Martial en parle dans ses épigrammes :

Nævia sex Cyathis, septem tustina bibatur .

Enfin le festin était terminé en saluant le Génie qui était le dieu tutélaire de chaque personne, et qui présidait aussi aux réjouissances. (Rollin, *Antique Rome*, lib. V, chapitres xxviii, xxix et xxx.)

Les gourmets, non les gourmands de Rome, étaient très-friands du bouquet d'essence de térébenthine ajouté à leurs vins; certes, voici de quoi dégoûter bien des gens. Quand on songe à toutes les difficultés qu'a de nos jours le médecin à faire avaler à ses malades une drogue semblable, et à petites doses surtout, on ne s'étonnera point que les gourmets

3*

de nos jours ne s'accommodent pas d'un ragoût semblable. Si l'on recherche la cause de ce goût extraordinaire, on pourrait croire que l'essence de térébenthine, tant prisée par eux, est sous bien des rapports comparable à l'alcool. L'essence de térébenthine possède des propriétés excitantes : elle se répand moins dans l'économie, se localise mieux, et porte généralement son action sur les voies urinaires.

Or, rien ne doit étonner de la part des sensualistes de Rome, qui recherchaient le raffinement dans les fonctions même les plus infimes de l'économie, car on sait que, prise à l'intérieur, l'essence de térébenthine communique aux urines une odeur de violettes fort agréable.

Toutefois, si la gourmandise faisait ajouter de l'essence de térébenthine aux vins, la résine de pin y était ajoutée aussi par raison : elle empêchait la seconde fermentation du vin, et remplissait le but que l'on obtient aujourd'hui en se servant du houblon dans les brasseries de bière.

Les huiles essentielles, quelles qu'elles soient, empêchent la fermentation.

Les vins aromatisés et épicés paraissent avoir été en faveur dès la plus haute antiquité. Plaute en fait mention dans *Persée*, art. 1, sc. 3, v. 5 ; il cite les vins aromatisés avec le calamus, le jonc aromatique.

L'usage de ces vins s'est maintenu jusqu'au moyen âge. A cette époque, les vins épicés et les aliments de haut goût étaient fort en faveur.

Un empereur allemand, Frédéric III (1440), a attaché son nom à une liqueur (*Aquæ vitæ Frederici tertii*) très-goûtée des gastronomes du moyen âge. Ulsted en donne la recette : Prenez quatre livres d'eau-de-vie simple rectifiée, quatre livres de Malvoisie, trois onces de cannelle, une once de clous de girofle, une once et demie de gingembre, une once de noix muscades, une demi-once de macis, une demi-once de zédoaire, deux gros de racines de galanga, une demi-once de cubèbes, même quantité de sauge, de fleurs de lavande, une once de mélisse, d'iris, de balsamine, une once et demie de roses blanches.— Après avoir bien broyé ces substances, on les met dans un grand matras, on y ajoute quinze à seize livres de sucre blanc, trois onces de raisins secs, six onces de figues grasses, une demi-once de camphre, deux livres d'eau de rose, d'eau de chicorée, d'eau de fleur de sureau; on ferme bien le matras, on l'expose au soleil pendant vingt jours, dix avant la fête de saint Jean, dix après. On passe la liqueur au travers d'un filtre et on la distille par l'alambic.

Ulsted, soit dit en passant, Patrice de Nuremberg, fit, vers la fin du quinzième siècle, des tentatives sérieuses pour appliquer la chimie à la médecine. Il vante baucoup la propriété des vins et surtout de l'eau-de-vie; il traite de la distillation des ratafias avec des feuilles de plantes aromatiques, déjà si connus au quinzième siècle.

Les seigneurs prenaient, dès le matin, les épices et les vins épicés, et non-seulement dans les châteaux, mais encore dans les hôpitaux de cette époque, et surtout dans les monastères, on administrait aux malades la *Pigmenta-potio* ou potion épicée et cordiale.

Ulsted nous a donné la composition de ces vins épicés du moyen âge : il y entrait de la cannelle, de la coriandre, du gingembre, des graines de paradis. Après avoir laissé les substances dans le vin, on filtrait au travers d'un linge, et on livrait au consommateur.

Cette boisson, qui de nos jours serait

tout au plus supportable comme remède,
était fort à la mode il y a quatre siècles.
Au mariage d'Isabeau de Bavière et de
Charles VI, les fontaines de Paris cou-
laient de ce vin au lieu d'eau. Ce qui
aujourd'hui nous causerait d'affreux
maux d'estomac faisait les délices de
nos ancêtres. C'est, d'ailleurs, cette
liqueur qu'avalaient les preux chevaliers
avant de se rendre aux tournois et aux
carrousels.

Pour en revenir à notre premier point
de départ, il est bon de dire que les
anciens Romains nommaient vins fac-
tices, des vins qui n'étaient qu'une

simple infusion ou macération vineuse de racines aromatiques, de fleurs ou de tiges.

Les Romains avaient aussi pour habitude de faire un abus immodéré des parfums. Ils en ajoutaient même en abondance dans leurs vins. M. Rouyer, dans son livre fort intéressant des *Etudes médicales sur l'ancienne Rome*, dit qu'ils avaient pour habitude d'ajouter du pyrètre au vin. — Il nous apprend que Pétrone parle de cet usage, et qu'on ajoutait même des parfums à l'huile des lampes.

Dans la narration du festin de Tri—

malchion, Pétrone raconte : que de jeunes esclaves à longue chevelure apportèrent des parfums dans un bassin d'argent; ils en frottèrent les pieds des convives après leur avoir entrelacé de guirlandes de fleurs les jambes et les talons, puis ils versèrent de ces mêmes parfums dans le vase où se puisait le vin et dans les lampes. Parmi les parfums les plus renommés se trouvaient le jonc odorant, le *megalium*, le *telinium* de Télos, le *malobathrum* de Sidon, le *nardum*, l'*opobalsamum*. — Ces parfums étaient renfermés dans des vases d'albâtre, ou dans des vases d'*onyx*, on les conservait dans l'huile, et on les colorait, d'après Pline, avec de l'orseille ou du cinabre. Les parfums étaient fabriqués à Rome avec des substances venues d'Egypte et de l'Inde, les plantes d'Italie, comme le lys, l'iris, l'œnanthe, le narum, la marjolaine et les roses de Pæstum qui avaient une grande réputation.[1]

Pline donne la liste des substances mises le plus communément en usage :

[1] Si l'on veut des détails très-instructifs et intéressants, il faut lire l'ouvrage de M. Jules Rouyer, *Etudes médicales sur l'ancienne Rome*, Paris 1859, à l'article *Parfums et Cosmétiques*. C'est à cet auteur que j'ai emprunté les quelques détails qu'on vient de lire à cette page.

c'était le laurier, les baies de genièvre, la sauge, la racine de gentiane, le poivre, la cannelle, le serpolet, la sarriette, la menthe, l'origan, le thym.

Aujourd'hui, nous nommerions ces vins, dans lesquels ont fait infuser ou macérer des plantes aromatiques, vins médicinaux, comme nous en préparons encore dans les pharmacies.

CHAPITRE III

De la Bière, de l'Hydromel, de l'Oxymel.
Ce que pouvait être le fameux Miel du mont Hymette.
Bière des Germains, etc.

La bière proprement dite était inconnue des anciens, mais ils en possédaient une espèce qui n'était autre qu'une liqueur provenant de la fermentation des graines de millet.

Pline, ch. xiv, sc. 22, parle d'une liqueur fermentée, que les Égyptiens et •

les Gaulois préparaient, depuis longtemps, avec de l'orge et de l'eau, et qui
portait le nom de vin d'orge, qui fut
connue plus tard sous le nom de *cerevisia*,
bière, cervoise.

La bière, néanmoins, dont la fabrication paraît fort ancienne, ne devait être,
dès le commencement, qu'une simple
tisane d'orge. Cette boisson était la plus
commune et la plus répandue dans la
plus grande partie de l'Egypte, d'après
les rapports de Strabon et de Diodore de
Sicile; les Espagnols et les Gaulois connaissaient, depuis fort longtemps, la
préparation de la bière. C'était sans

doute une liqueur fermentée comme notre vin, et qui devait être semblable à notre bière. Tacite raconte dans son livre (*de Moribus Germanorum*) que les Germains faisaient un breuvage avec de l'orge changée par *corruption* (fermentation) en une espèce de vin (*et hordeo factus, et in quamdam similitudinem vino corruptus*).

L'introduction du houblon dans la fabrication de la bière est d'invention moderne. Les différentes bières préparées par les anciens devaient facilement tourner à l'aigre et éprouver la fermentation acétique.

Les vins de palmier, de figuier, étaient des liqueurs aqueuses sucrées ayant subi la fermentation alcoolique. Partant, elles devaient contenir des quantités variables d'acide acétique, d'acide tar-trique et des sels alcalins.

On fabriquait aussi un vin avec des poires et des pommes ; c'était le cidre et le poiré de nos jours.

L'hydromel, mélange d'eau et de miel, était une liqueur fermentée très-usitée dans l'antiquité, comme elle l'est aujourd'hui dans certains pays du Nord. L'hydromel a dû être la première bois-son fermentée en usage. On lit dans la

Bible que le patriarche Abraham en arrosait, aux grandes solennités, les chevreaux qu'il offrait rôtis à ses convives.

Les Égyptiens en faisaient aussi une grande consommation; des essaims nombreux d'abeilles s'élevaient sur les bords du Nil.

Les Grecs le mêlaient aux vins. On a dit, et c'est un apiphile qui l'assure presque, que le miel si renommé du mont Hymette n'était que de l'hydromel fabriqué avec le miel récolté sur cette montagne, et auquel on ajoutait du vin. — Et du reste le fameux *mulsum* des Romains n'était que du vin cuit

4

dans lequel il entrait un certaine quantité de miel. — Les Gaulois faisaient de
l'hydromel leur boisson de préférence.
Et les Druides, dans les sacrifices, convaincus qu'une substance retirée des
fleurs serait plus agréable aux dieux
que n'importe quelle autre, avaient pour
habitude d'en arroser les victimes.

Les Français, au moyen Âge, faisaient
usage de l'hydromel, comme de leur
boisson ordinaire.

Le pays, à cette époque presque
inculte, était couvert de forêts, de
nombreux essaims d'abeilles s'y for-
maient et produisaient une grande quan-

tité de miel qui servait à fabriquer cette liqueur.

On préparait l'hydromel avec de l'eau de pluie bouillie à laquelle on ajoutait un tiers de miel; on laissait fermenter ce mélange au soleil, et le dixième jour on le plaçait dans des vases bien fermés. (Voir Pline et Dioscoride.)

L'oxymel, qui était plus souvent employé en médecine que comme boisson journalière, s'obtenait en faisant bouillir, jusqu'à réduction d'un dixième, un mélange de cinq parties d'eau, de dix parties de miel, et d'une partie de sel marin. (Pline et Dioscoride.)

Cependant, raconte Pline, de tous les vins artificiels, peu se conservent une année entière, il en est même beaucoup qui sont perdus au bout de trente jours.

Les anciens connaissaient-ils des moyens pour empêcher la corruption ou pour neutraliser l'acidité du vin ? On peut répondre certainement : oui.

Pline et Columelle nous apprennent que les Grecs et les Romains savaient corriger l'acidité des vins avec de la chaux brûlée, avec le sel des cendres de sarments, et même avec la lie de vin desséchée et brûlée (potasse). Aujourd-d'hui encore, pour neutraliser l'acide acétique qui s'est développé aux dépens d'une certaine partie de l'alcool du vin, on emploie les alcalis ou les terres alcalines.

Les marchands de vin de Rome et d'Athènes ne l'auraient pas cédé, pour l'art de la sophistication, aux marchands de vins de nos jours, pas plus chimistes eux-mêmes que les nôtres ne le sont aujourd'hui. C'est sans doute, chez eux, l'honneur de la corporation de ne pas faillir aux anciennes habitudes. Il est malheureusement reconnu que chez plusieurs le poids de la conscience est en raison inverse de celui de leur profit.

4.

Ces moyens sont bons sans doute à faire disparaître complètement l'effet de l'acide libre, mais ils ne peuvent rendre la portion d'alcool anéantie par la fermentation acide; nul, en effet, ne l'ignore, plus le vin est riche en alcool, plus il est riche en qualité; or, altérer, détruire les principes constitutifs d'une substance, est chose peu loyale, disons le mot : déshonnête. Avis à ceux qui seraient tentés d'employer des moyens frauduleux.

Pline dit que, pour corriger les vins acerbes et pauvres en sucre, on y ajoutait le moût de vin bouilli (*mustum decoctum*) évaporé jusqu'en consistance siropeuse.

De nos jours, c'est le sirop de dextérine qui est employé pour la bonification du vin, et même de la bière.

Les anciens, entre autres Caton et Columelle, qui se sont occupés du vin, recommandent d'enduire les tonneaux de résine pour empêcher qu'ils ne fermentent une seconde fois.

De là, deux fermentations. — Ils reconnaissaient que la première lui était nécessaire, et que la seconde lui était nuisible.

Pline dit qu'on donnait le nom de

vappa à ces vins tournés à l'aigre. Or, *vappa* était un terme de mépris dont on se servait pour désigner un homme débauché.

La lie (*fœx vini*) n'était point perdue, on la desséchait, puis on la brûlait pour en retirer la cendre, et elle servait aux mêmes usages que le sel des cendres de végétaux. (Pline.)

Du temps de Caton, l'usage de soufrer les tonneaux était connu ; l'acide sulfureux, comme les huiles essentielles, s'oppose à la fermentation acide des vins.

L'usage et l'abus du vin allaient en

augmentant autant que la puissance et la splendeur de Rome. La décadence de l'Empire ne fit, sous ce rapport, comme sous tant d'autres, qu'augmenter les excès.

Tout le monde sait ce que raconte Pline. Avant la célèbre bataille d'Actium, cette fameuse mêlée qui décida du sort de l'Empire du Monde, Marc-Antoine fit l'apologie de l'ivrognerie. [1]

---

[1] Son compétiteur, le divin Auguste, ne lui cédait en rien sous ce rapport. Étant sorti après son dîner, sous l'influence de libations trop prolongées, pour passer la revue de la flotte la veille de cette bataille, il rencontra un homme sur un âne, il lui

Dioscoride mentionne aussi que les convives de Lucullus buvaient la ciguë pour que la crainte de la mort leur fit boire et absorber la plus grande quan—

demanda qui il était. Cet homme lui répondit qu'il se nommait Euthychius (heureux), et son âne Nicon (vainqueur).

Auguste prit cette rencontre pour un heureux présage. Il en fut si vivement impressionné, que, après la victoire, il mit, dans le trophée qu'il fit élever dans ce lieu, une statue en bronze représentant un homme monté sur un âne. (PLUTARQUE, *Vie d'Auguste.*) Ce nom de Nicon était un nom de bon augure, puisque Pyrrhus l'avait donné à un de ses éléphants, le plus intelligent de tous.

tité de vin possible, car le vin, en Grèce, ainsi qu'à Rome, passait pour le contre-poison de la ciguë.

De là, cet adage, connu chez les Athéniens : *Sicut cicuta homini venenum est, sic cicutæ vinum (Mercurialis).*

Le vin, tout le monde le sait, à petites doses est un stimulant, à hautes doses, c'est un narcotique. Comme bois-son de table, et pris en quantité conve-nable, le vin augmente la chaleur et aide à la nutrition.

D'ailleurs, a dit l'Ecriture, *vinum lætificat cor hominis.*

Enfin, l'Ecole de Salerne a risqué cette donnée homœopathique assez hasardée :

Si nocturna tibi nocent potatio vini, hoc ter mane bibas iterum, et medicina fuerit.

« Si un coup de vin le soir t'a été nuisible, bois-en trois le matin, et tu seras guéri. »

Entre ces deux préceptes, le choix n'est pas douteux : l'homme, en se conformant au précepte de l'Ecriture, doit user du vin seulement dans le but de réconforter et de réparer ses forces, et, dédaignant le soi-disant remède de l'Ecole de Salerne, il ne doit pas trop boire la veille pour ne pas être condamné, afin de se guérir, à boire plus encore le lendemain.

FIN DE LA PREMIÈRE PARTIE.

DEUXIÈME PARTIE

ÉTUDE

SUR LE MOINE

BASILE VALENTIN

BÉNÉDICTIN D'ERFURTH

SES DÉCOUVERTES ET SON INFLUENCE

SUR LA CHIMIE PHARMACEUTIQUE

CHAPITRE PREMIER

La panacée universelle est la cause de l'avancement de l'Alchimie.
Utopies et aspirations des chercheurs du grand œuvre.
Les pratiques de l'art sacré, existant jadis en Egypte, en Thrace, et dans
l'île de Chypre, sont analogues et avaient le même but que l'Alchimie.
Les travaux de Basile Valentin
ouvrent une ère nouvelle à la médecine.

L'art de transmuter les métaux, la
recherche de ce talisman, la pierre philosophale, et de la panacée universelle,
ont été pour la chimie autant de causes
de progrès.

Les peuples s'inclinaient avec respect

devant l'appareil mystérieux dont s'entouraient les alchimistes, et les princes
se déclaraient protecteurs d'une science
qui leur promettait de faciles richesses.

La magie, le mystère, entouraient de
leur appareil fantastique le laboratoire
de l'alchimiste. L'aspect de ce lieu, à
la fois redouté et vénéré du vulgaire,
offrait au curieux et hardi visiteur un
insolite et sinistre assemblage : qu'on
se figure une salle très-vaste, souter-
raine souvent, n'ayant d'autre éclairage
que le foyer d'une espèce de forge
assez importante, et qui en occupait
le milieu ; le cuivre rouge d'un alambic

brillait à quelque distance, et, de l'autre côté de la forge, on apercevait un large fourneau sur lequel étaient posés des creusets de haute taille, et, non loin de là, une table chargée de flacons blancs, verts et rouges, qui jetaient des reflets lugubres sur tous les objets environnants, lesquels objets consistaient en chaudrons de plusieurs dimensions, cornues de verre, de terre et de plomb, tubes et masques de verre; divers instruments en cuivre, marmites de fer, limes, tenailles et marteaux complétaient le matériel, l'arsenal de l'étrange chercheur.

5.

Ce laboratoire était moitié dallé, moitié sablé ; à l'extrémité, derrière un pilier, on entrevoyait la demi-teinte d'un amas de charbon, et une serge rouge jetée sur un monceau de débris.

Puis, près du fourneau, devant des creusets, un homme de haute taille, à la barbe inculte, à l'œil fixe et terne, écoutant attentivement le bruit monotone des liquides en ébullition, le crépitement sec des métaux en fusion, recueillant avec avidité les moindres gouttes sortant de l'alambic, et prononçant, en faisant des projections d'une certaine poudre, des paroles magiques et cabalistiques, passant de la joie à la tristesse, de l'espoir au désenchantement.

Voilà donc la décoration de la scène où devait se faire l'or, où se pratiquaient les opérations laborieuses, ardues, mais ridicules, mais folles, de ces monomanes courant après l'impossible. Ce qu'ils voulaient, ces brûleurs, ces fondeurs de métaux, c'était la toute-puissance en tout et partout ; c'était l'or en un mot !

La science, ou plutôt ce que, dans leurs pratiques insensées, ils regardaient comme tel, n'était, pour eux, qu'un moyen ; ils voulaient, les alchimistes, eux et leurs protecteurs, ils voulaient vivre, mais non comme le reste des hommes, c'est-à-dire végéter, vieillissant au milieu d'espérances déçues, s'usant à l'ardeur des désirs et d'aspirations inutiles, satisfaits seulement à moitié et réduits à regretter le lendemain ce qu'ils avaient méprisé la veille.

Eux, les avides rêveurs, les utopistes insatiables, ils voulaient créer, ordonner, dominer, jouir de toutes les jouissances, acheter tous les bonheurs, être exempts de toutes les maladies, prolonger la vie au-delà du terme ordinaire, régner seuls, en un mot, dégagés, libres de tout frein, de toute entrave.

Au quatorzième siècle surtout, appartiennent un grand nombre d'alchimistes, en tête desquels, comme type, apparaît Nicolas Flamel[1], maître écrivain de Paris, qui fut, en outre, peintre, architecte, poëte, philosophe et mathématicien. — Il raconte, dans son livre des *Hiéroglyphes,* qu'en faisant des inventaires pour gagner sa vie, il lui tomba sous la main un ouvrage d'alchimie ayant appartenu à des Juifs, et contenant le secret de la

[1] Voit à la fin de la deuxième partie.

pierre philosophale. Ne comprenant pas
les caractères mystérieux dont le livre
était rempli, il fit le voyage d'Espagne,
et alla trouver un rabbin qui lui expli-
qua que ce livre était du célèbre Abraham le Juif, et lui en apprit le sens. A
partir de cette époque, Nicolas Flamel
acquit de grandes richesses que l'ignorance populaire attribua à l'alchimie,
mais dont l'origine est inconnue. De là,
des contes débités sur lui. Il avait décou-
vert la pierre philosophale : Nicolas
Flamel et sa femme Pernelle ne sont
point morts ; ils feignirent une maladie,
s'échappèrent, et on enterra des bûches

à la place de leurs corps. Paul Lucas, qui a vu le diable Asmodée dans la haute Egypte, parla aussi à un derviche qui connaissait beaucoup Nicolas Flamel et son épouse, et qui lui certifia que l'un et l'autre jouissaient d'une santé parfaite. Mais, ce qu'il y a de certain, c'est que, quoique simple écrivain, par la rapidité de sa fortune, par ses fondations pieuses, et par de prétendues merveilles, il obtint une certaine célébrité, et devint, pour plusieurs personnes, un être mystérieux.

On croit qu'il fut chargé par les juifs encore exilés de France, du recouvrement de leurs créances ; et, si le fait est exact, les causes de sa fortune seraient moins douteuses.

La pierre philosophale était le centre autour duquel gravitaient toutes les opérations du grand œuvre. Le grand œuvre possédait deux côtés distincts, le côté pratique et le côté théorique ; santé et richesses d'une part, et de l'autre, tout ce qui se rattachait aux connaissances religieuses et spéculatives.

Néanmoins tout est vague et incertain : les doctrines mystiques, néo-platoniciennes, semblent avoir servi en quelque sorte de modèles aux alchimistes. Art sacré, science divine, science occulte : tels étaient d'abord les noms appliqués à ces manœuvres mystérieuses qui semblaient renfermer tant de choses incompréhensibles ou merveilleuses.

Il faut bien se garder de croire que les maîtres de cet art aient exposé et décrit leurs expériences. Tout était enveloppé de mystère, et leur langage n'était compris que de leurs adeptes; la divulgation de ces secrets entraînait avec elle des châtiments terribles.

Que fut la pierre philosophale ? Nul ne le sait bien encore. C'était tantôt le cinabre, tantôt le soufre, tantôt l'arsenic qui blanchit le cuivre, etc.; pour tous, enfin, c'était une substance qui avait la propriété de transformer les métaux imparfaits en or ou en argent, et de procurer tout de suite la richesse.

Mais ce n'était point tout encore, la richesse sans la santé n'a pas beaucoup de prix. Or, la pierre philosophale, à l'état liquide ou panacée universelle, avait le don du secret de l'art de guérir, et de porter le terme de la vie au-delà du terme ordinaire. Il fallait donc, à ce prix, s'élever au-dessus de la nature, il fallait franchir les limites de la sphère terrestre, pour s'élever dans les hautes régions de la vie spirituelle. Voilà pourquoi l'adepte voulait s'identifier avec l'âme du monde.

Ainsi donc, l'alchimie faisait rechercher trois choses qui pouvaient émaner du grand œuvre. D'abord, la richesse matérielle, secondement, une longue existence, et troisièmement enfin le bonheur près de Dieu, ou le commerce avec le diable.

Ces catégories n'ont pas toujours été bien tranchées; l'imagination s'égare dans ce labyrinthe; néanmoins, dans tout ce galimatias chimique, il faut reconnaître la supériorité de l'esprit sur la matière. Aussi les alchimistes faisaient—ils, avant de rien entreprendre, l'invocation au Saint des Saints pour la réussite de leur œuvre. Ils tombaient donc aussi dans l'art mystique, et étaient tout simplement des illuminés, estimant leur esprit supérieur à celui d'un simple mortel, mettant la présomption dans l'exposition de leurs doctrines; simples dans leurs habitudes, ils menaient une vie sobre et affectaient de fuir, d'éviter tout commerce avec les autres hommes. On concevra aisément que leur vie ascéti-que et toute contemplative, augmentée d'un régime végétal et débilitant, devait

exercer sur leur esprit déjà faible et continuellement tendu, une grande influence
qui est peut-être loin d'être étrangère à
la plupart de leurs doctrines. « Univers,
disaient-ils avant de commencer leurs
opérations chimiques,» sois attentif à
ma prière, terre ouvre-toi, arbres ne
tremblez pas, je veux louer le Seigneur
de la création, le tout et l'un; que les
cieux s'ouvrent, que les vents se taisent,
que toutes les facultés qui sont en moi
célèbrent le Tout et l'Un. »

L'alchimie, en un mot, est une copie
exacte de l'art sacré, pratiqué jadis en
Égypte, dans la Thrace, et dans l'île de

Chypre. Comme lui, l'alchimie ne roulait spécialement que sur l'art de faire l'or et l'argent, but principal, comme on le sait, de la pierre philosophale.

La véritable science naît cependant de ces creuses rêveries; et les ouvrages de Basile Valentin, qu'on suppose avoir été un bénédictin d'Erfurth, ont fait connaître les propriétés pharmaceutiques de l'antimoine, ainsi que certaines préparations médicinales encore en usage de nos jours, et dont le nom vulgaire s'est même conservé. Sa théorie chimique n'est qu'une reproduction de celle de ces trois principes, adoptée par

les Arabes d'Espagne, et les manipulations chimiques qu'il avait décrites con-
servèrent la même forme jusqu'au dix-
huitième siècle. Basile Valentin fut le
premier inventeur des médicaments
spécialement chimiques; ses travaux et
ceux de Paracelse opérèrent une transformation en ouvrant une ère nouvelle
à la médecine.

CHAPITRE II

Basile Valentin, son influence, et de l'alchimie au quinzième siècle.
Comment et où furent trouvées ses œuvres. — Ses travaux sur l'antimoine.
Les procédés de la voie sèche, de la voie humide.
La teinture royale. — Allégorie sur la pierre philosophale.
Elle a pour trait les procédés de la voie sèche et de la voie humide.
Curieux procédés
de l'alchimiste Ripley, pour obtenir la pierre philosophale, etc.

Au quinzième siècle, la chimie était nulle comme science ; la chimie n'était qu'un rassemblage informe de décompositions, de réactions et de mélanges.

L'invocation du Tout-Puissant était

la première chose dont s'inquiétait le chimiste, ou plutôt l'alchimiste de cette époque. Les ténébreuses préparations, les curieux effets produits par les mélanges, la diversité des couleurs des métaux en fusion, donnaient au laboratoire un mystérieux attrait, dont ne pouvait se détacher l'infatigable fou qui était privé des lumières scientifiques.

Ainsi fut Basile Valentin, qui vivait, en qualité de moine de l'ordre de Saint-Benoît, dans le couvent de Saint-Pierre, à Erfurth, en Prusse.

Profitant de ses longs loisirs dans la solitude du cloître, il alluma ses four-

6

neaux, remplit ses cornues, il observa des phénomènes qui se révélaient à lui, sépara des corps, en combina plusieurs, et fit de réelles découvertes, que ses successeurs devaient commenter, expliquer et agrandir.

Les détails biographiques sur Basile Valentin manquent complètement : on a douté, non de son existence, car ses œuvres existent, mais de son nom. Néanmoins, on est porté à croire que Basile Valentin était moine bénédictin, et qu'il brillait, vers la fin du quinzième siècle, — car il parle du *morbus Gallicus* ou *lues venerea*, mal français, mal syphilitique,

— que l'auteur conseille de combattre par les sels de mercure, d'antimoine et de plomb.

On prétend que cette maladie fut apportée d'Amérique par les Espagnols; d'autres soutiennent qu'elle fut apportée de Naples en France, vers l'année 1498.

Quoi qu'il en soit, en laissant de côté l'intérêt historique, ce noble représentant des sciences chimiques du moyen âge a donné des ouvrages dont on doit s'occuper, ne serait-ce même que pour rendre hommage à l'ardeur et au courage avec lesquels il cherchait à étudier et à approfondir les secrets de la nature.

Nous avons déjà dit que les alchimistes
du moyen âge n'ont été que les plagiai-
res, les imitateurs serviles, les copistes
des maîtres de l'art sacré. Il y a ressemblance, parité communauté, non-seulement dans les pratiques, dans les principes, dans le but ; mais les mêmes faits,
les mêmes incidents se trouvent répétés
dans les lambeaux historiques ou légen-
daires que nous avons pu consulter sur
ces deux singulières époques. Or, voici
ce que nous trouvâmes un jour en bou-
quinant :

Un savant de l'antiquité, Démocrite—
qu'il ne faut pas confondre avec l'éternel

rieur, l'opposé du sempiternel pleureur, Héraclite, son confrère en philoso-phie..... diamétralement opposée...; donc, le Démocrite dont il s'agit ici, lequel était initié aux pratiques de l'art sacré de l'Egypte, de Thèbes et de Memphis, raconte que le maître étant mort avant que lui, le disciple, eût eu le temps de se perfectionner dans la science, il résolut d'évoquer son ombre pour l'interroger sur les secrets de l'art. Le maître, sorti de sa tombe, s'était dressé devant lui tout à coup, et lui avait fait entendre ces paroles: « Voilà donc toute la récompense de ce que j'ai fait

6*

pour vous ! » Démocrite lui fit des questions, il conclut en lui demandant comment il fallait combiner les natures entre
elles; le maître lui répondit: « Les livres
sont dans le temple ».

Démocrite fit longtemps des recher-
ches, mais elles furent toutes vaines.

Quelque temps après, assistant à une
grande fête, dans le même temple, il était
à table avec ceux qui composaient l'as-
semblée, et vit une des colonnes s'en-
tr'ouvrir d'elle-même ; s'étant penché,
il aperçut les livres indiqués, mais il ne
vit que ces trois phrases: *La nature se
réjouit de la nature ; la nature triomphe de*

la nature ; la nature commande à la nature.

Vivaces étaient encore les superstitions pendant le seizième siècle de notre ère ; aussi le lecteur ne sera-t-il pas trop surpris quand nous lui affirmerons avoir lu que l'une des colonnes de l'église d'Erfurth s'étant, un jour, ouverte comme par miracle, on y trouva les écrits du bénédictin Basile Valentin.

On trouve, dans ses ouvrages, les premières notions détaillées sur l'antimoine; en faisant une violente sortie contre les médecins et les apothicaires de son époque, il loue fortement les propriétés de ce métal, et il le porte à

une telle hauteur, qu'il ne craint pas de
le qualifier du nom pompeux d'une des
sept merveilles du monde.

Basile Valentin signale les propriétés
vénéneuses de l'antimoine, et dit que
l'on emploie l'antimoine à purifier le
corps humain, comme en chimie, on
l'emploie à purifier l'or.

Il paraît connaître la composition
naturelle de l'antimoine, et dit qu'il
renferme beaucoup de soufre, et qu'il
est susceptible de changer de couleur.

Il connaissait les oxydes d'antimoine,
et les procédés qu'il indique sont encore

en vigueur aujourd'hui. Le verre d'antimoine, est obtenu, selon lui, par la fusion
de l'antimoine naturel dans des vases en
terre, il énumère aussi le soufre doré,—
le kermès. — Le kermès, chacun le sait,
est, avec l'émétique, le médicament anti-
monial le plus employé aujourd'hui.

Entre cette époque et nos jours, les
médicaments chimiques avaient fait
élever, au sein de la faculté de Paris, des
récriminations sans nombre; les médecins
spagyriques étaient en butte à toute l'ani-
madversion de leurs collègues ; mais,
néanmoins, les travaux de Basile Valentin devaient porter leurs fruits, la chimie

continua d'envahir le domaine de la pharmacie, et le nombre des médicaments chimiques alla en augmentant. La chimie devint tributaire de la médecine, et malgré les diatribes insolentes de Guy Patin, les préparations chimiques conquirent leur place, et allèrent toujours prenant de plus en plus de l'extension.

Et malgré toutes ces luttes, le gouvernement acheta, de la Ligerie, chirurgien à Paris, le secret de la préparation du kermès, et chaque famille possédait le gobelet d'antimoine et les pilules perpétuelles, servant à plusieurs générations, et apportant avec elles les effets purgatifs et vomitifs inhérents à cette substance.

Basile Valentin a donc entrevu le kermès, et la préparation qu'il en donne, perfectionnée par Glauber, était bien l'indication à peu près fidèle, sauf quelques changements nécessaires pour pouvoir mener l'opération à bonne fin : on pulvérise, dit-il, le sulfure d'antimoine, on le fait bouillir ensuite dans une lessive concentrée de chêne (carbonate de potasse); enfin, on y ajoute du vinaigre fort, et on filtre : l'antimoine devient ainsi d'un beau rouge.

Basile Valentin est un des premiers

de ceux qui parlèrent de l'extraction des métaux par la voie sèche et par la voie humide. Les anciens alchimistes considéraient ce procédé aussi ingénieux que rationnel comme une véritable transmutation.

La voie sèche et la voie humide, le feu et l'eau, sont, nul ne l'ignore, les deux principaux procédés de l'analyse chimique.

La pierre philosophale, ce mythe insaisissable, était recherchée par les alchimistes, à l'aide de procédés sans nombre. —Ces chercheurs, sans s'en douter, tombaient dans un chaos d'opérations que leur aveuglement complet, en fait de sciences, ne leur permettait pas même de soupçonner. Ils cherchaient à inventer une *teinture royale*, propre à changer tous les métaux en or; — soit dit en passant que cette teinture n'était autre chose qu'un sulfure d'or traité pendant des semaines entières, tantôt à chaud, tantôt à froid, avec de l'esprit-de-vin rectifié, appelé eau ardente. — Cette teinture, disaient-ils, avait la vertu de guérir l'hydropisie, la goutte, faisait pousser les cheveux aux chauves, et avait la propriété de prolonger la vie jusqu'au jugement dernier. Pour en revenir à la

7

voie sèche et à la voie humide, ils étaient
convaincus que la pierre philosophale
était composée de quatre parties, le feu
et l'air, l'eau et la terre; — c'est une
pierre ordinaire, quant à son aspect,
le mercure en est l'élément humide, la
magnésie en est l'autre élément, mais
elle ne se rencontre pas vulgairement.
« Faites fondre le corps, et calcinez-le
jusqu'à ce qu'il se change en eau, »
s'écriaient les maîtres à leurs adeptes.
— Voilà donc un composé qui se liqué-
fie et qui se solidifie. — Voie sèche, voie
humide.

On lit dans la *Gynécée chimique* une

allégorie sur la pierre philosophale, allégorie qui a rapport à ces deux procédés,
et qui ne sera pas déplacée ici.

*Allégorie de Merlin, contenant le très-pro-
fond secret de la pierre philosophale.*

« Un certain roi se prépara à la guerre
« pour terrasser ses ennemis. Au moment
« où il voulait monter à cheval, il deman-
« da à un de ses soldats à boire de l'eau
« qu'il aimait beaucoup; le soldat, en
« répondant, lui dit: Seigneur, quelle est
« cette eau que vous demandez? et le
« roi lui dit: l'eau que je demande est
« celle que j'aime beaucoup, et dont je

« suis moi-même aimé ; après quelques
« réflexions, le roi but, et il but de nou-
« veau, jusqu'à ce que tout son corps fut
« rempli, et ses veines toutes gonflées;
« le roi devint pâle. Alors ses soldats lui
« dirent : Seigneur, voici le cheval que
« vous désirez monter, et le roi répondit:
« Sachez qu'il m'est impossible de mon-
« ter à cheval; les soldats lui demandè-
« rent: Pourquoi cela est-il impossible?
« Parce que, leur répondit le roi, je me
« sens appesanti et que j'ai des douleurs
« si violentes dans la tête, qu'il me sem-
« ble que tous mes membres se déta-
« chent. Je vous ordonne de me déposer

« dans une chambre clause, bien sèche,
« et continuellement chauffée, nuit et
« jour; de cette manière, je suèrai, et
« l'eau que j'ai bue sèchera, et je serai
« délivré. — Et ils firent comme le roi
« leur avait ordonné. »

« Après un certain temps, ils ouvri-
« rent la chambre, et trouvèrent le roi
« expirant. Aussitôt les parents accou-
« rurent, et allèrent chercher les méde-
« cins égyptiens et alexandrins. Ceux-ci
« arrivèrent, dirent qu'il n'y avait pas
« de danger, et que le roi reviendrait à
« la vie. Alors, les médecins égyptiens,
« comme étant les plus anciens, prirent

« le roi pour le déchirer à petits mor-
« ceaux, qu'ils pilèrent dans un mortier,
« et qu'ils mélangèrent avec un peu de
« médecine liquide ; ils le déposèrent
« dans une chambre aussi chaude que la
« première, et chauffée nuit et jour.
« (Voie sèche.) Au bout de quelque
« temps, ils l'en retirèrent à demi mort,
« et ayant à peine un souffle de vie. —
« Les parents, voyant cela, s'écrièrent :
« Le roi est mort ! mais les médecins leur
« répondirent : Ne criez pas, le roi dort.
« Ensuite ils le relevèrent de nouveau,
« ils le lavèrent avec de l'eau douce
« pour enlever l'odeur du remède, et le

« déposèrent une dernière fois dans la
« même chambre. Quand ils l'en urent
« retiré, ils le trouvèrent tout à fait
« mort. Alors les parents se mirent à
« crier fortement : Le roi est mort ! à
« quoi les médecins répondirent : Nous
« avons tué le roi, afin qu'après la résur-
« rection, il soit, le jour du jugement,
« beaucoup plus beau qu'auparavant.
« Ensuite, ils délibérèrent entre eux
« pour savoir ce qu'il fallait faire de ce
« corps empoisonné, et ils convinrent
« de l'ensevelir, afin que l'odeur de la
« putréfaction ne les incommodât point.
   « Mais les médecins alexandrins,

« entendant cela, accoururent: Ne l'en-
« terrez pas, leur disaient-ils, car nous
« le rendrons bien plus beau, et plus
« puissant qu'auparavant. Les parents
« se moquèrent d'eux: Vous voulez, leur
« disaient-ils, nous tromper comme les
« médecins égyptiens; sachez que si vous
« ne faites pas ce que vous nous promettez
« vous n'échapperez pas à notre colère. »

« Alors, les médecins d'Alexandrie
« relevèrent le roi, le pilèrent et le des-
« séchèrent, ils prirent ensuite une partie
« de salmiac, deux parties de nitre alexan-
« drin, et les mêlèrent avec la poudre
« du mort, ils en firent une pâte avec un

« peu d'huile de lin, et le placèrent dans
« une chambre en forme de croix. Ils le
« couvrirent de feu, et soufflèrent dessus
« jusqu'à ce que tout fût fondu et qu'il
« descendît par une ouverture de sa
« chambre, dans une autre chambre
« plus basse. Enfin le roi revient peu à
« peu à la vie, et tout à coup se met à
« dire à haute voix : Où sont nos ennemis?
« je les tuerai tous, s'ils ne viennent
« sur-le-champ implorer pardon. Tout
« le monde s'approche du roi, et dès ce
« moment, les princes et seigneurs
« l'honoraient et le craignaient.» (*Repro-*
duit par Hœfer.)

7.

Il est donc facile de reconnaître, dans cette allégorie, les deux procédés dont nous avons parlé.

La première, la voie sèche, qui se fait toujours sous l'influence de la chaleur ; les matières que l'on a à séparer sont chauffées seules ou mélangées avec d'autres substances dites réactifs de la voie sèche, et distinguées par la dénomination de flux ou de fondant.

La seconde, la voie humide, a pour but de séparer, par un liquide ou dissolvant, un certain nombre de corps solubles d'avec d'autres corps insolubles dans le même liquide.

Puisque nous en sommes aux allégories, il est permis de tempérer la séche-
resse du sujet, par une autre, remarquable, et qui peut passer pour le monument
alchimique le plus curieux que l'on ait
jamais vu; il a toujours pour trait la
pierre philosophale.

Un alchimiste, Ripley, se livra, dans la
seconde moitié du quinzième siècle, à
l'étude de la science hermétique. C'est
lui qui est l'auteur d'un livre intitulé
les *Douze Portes*, et on raconte qu'il
pratiqua l'alchimie avec tant de succès,
qu'il fut à même d'avancer aux chevaliers de Saint-Jean de Jérusalem la somme

de 100,000 livres d'or, pour la défense de l'île de Rhodes contre les Turcs, commandés par Mahomet II. Le langage énigmatique de cet alchimiste est, malgré la meilleure volonté, difficile à expliquer.

Voici la recette :

« Pour faire l'Elixir des Sages (pierre « philosophale), il faut prendre, mon « fils, le mercure des philosophes « (plomb) et le calciner jusqu'à ce qu'il « soit transformé en *lion vert* (*massicot*). « Après qu'il aura subi cette transfor- « mation, tu le calcineras davantage, et « il se changera en *lion rouge* (minium) ;

« fais digérer au bain de sable le *lion*
« *rouge* avec l'esprit aigre des raisins
« (vinaigre), évapore le produit, et le
« mercure se prendra en une espèce de
« gomme qui se coupe au couteau
« (acétate de plomb).

 « Mets cette matière gommeuse dans
« une *cucurbite lutée*, et conduis la distil-
« lation avec lenteur. Recueille séparé-
« ment les liqueurs qui te paraîtront de
« diverses natures. Tu obtiendras
« d'abord un phlegme insipide, puis de
« l'esprit, puis des gouttes rouges; les
« ombres cymériennes couvriront la
« cucurbite de leur voile sombre, et

« tu trouveras dans l'intérieur un véri-
« table dragon, car il mange sa queue.
« Prends le dragon noir, broie-le sur
« une pierre, touche-le ensuite avec
« un charbon rouge, il s'enflammera en
« prenant bientôt une couleur citrine
« glorieuse : il reproduira le *lion vert*.
« Fais qu'il avale sa queue et distille de
« nouveau le produit ; enfin, mon fils,
« rectifie soigneusement et tu verras
« paraître l'eau ardente, et le sang
« humain (acide pyro-acétique brut). »
Le langage magique, mystique, comme
on le voudra, la singularité des transfor-
mations qu'ils ne pouvaient comprendre

faisaient passer, aux yeux du vulgaire
ignorant, les alchimistes comme des
êtres supérieurs, comme des intelli-
gences soumises à l'admiration.

Tout le langage mystique a été emprunté à l'art sacré; nous nous sommes
déjà suffisamment expliqué sur les pratiques.

Toutes les allégories ont pris naissance
à cette époque où le pythagorisme et
les doctrines orientales s'introduisaient
dans la philosophie néoplatonicienne,
avec la théurgie pour adjuvante.

A l'astrologie judiciaire, qui calcule
les destinées immuables invariablement

fixées par le cours fatal des corps céles-
tes, succédait insensiblement la culture
des arts magiques, qui attribue à l'homme
le pouvoir d'asservir à ses volontés les
puissances supérieures et de changer par
elles le cours de la nature. Héritage naturel du paganisme, qui avait consacré le
culte des idoles, les invocations, les céré-
monies symboliques, les paroles mystérieuses par lesquelles tout initié pouvait
entrer en communication avec les
dieux eux-mêmes.

Les premiers siècles de l'ère chré-
tienne donnèrent, par leurs auteurs,
d'intéressants témoignages de l'art magi-

que. Pline rapporte dans certains endroits des livres IX, XXV, et XXVIII de son *Histoire naturelle*, qu'Anaxilaüs de Larisse, philosophe platonicien du siècle d'Auguste, avait écrit sur les symboles et la magie, et qu'il fut banni, comme magicien, de Rome et de l'Italie.

Les formules magiques et symboliques dont se servaient aussi les alchimistes, étaient également empruntées aux adeptes de l'art sacré; et Virgile, dans la VIIIe églogue, intitulée *Pharmaceutria*, décrit, après Théocrite, les incantations d'une amante qui veut ramener l'oublieux Daphnis :

«Apporte l'eau sainte, entoure l'autel d'une bandelette légère, brûle l'encens mâle et la verveine résineuse ; je veux, par un sacrifice, porter le délire dans l'âme de mon amant ; il ne faut pour cela que des formules magiques. »

Horace, dans l'épode V, raconte les sacrifices nocturnes et les pratiques redoutables de Canidie ; dans la VIIIe satire, il s'écrie que la statue de Priape accable de ses imprécations Canidie et Sagone, qui ont accompli à ses pieds leurs rites funèbres. Enfin, pour s'en moquer, il est probable, il demande pardon, dans l'épode XVII, à la magicienne qu'il a offensée.

Enfin, Cicéron, plaida contre le pythagoricien Vatinius, qui se vantait d'évoquer les ombres des morts ; il l'accuse d'arracher les mânes du royaume de Pluton, et de sacrifier aux dieux infernaux des entrailles de jeunes enfants, de violer les auspices qui ont présidé à la fondation de Rome et qui sont les fondements de la république.

Enfin Lucain, au livre VI de la Pharsale, montre le fils de Pompée consultant en Thessalie la magicienne Erechto ; par des paroles magiques et des opérations symboliques, elle fait parler un

cadavre et arrache de ses lèvres glacées
la triste vérité.

Toutes ces digressions ne m'éloignent pas du sujet que jai voulu traiter
tant bien que mal ; il offre un vaste
champ aux énumérations.

Les alchimistes différaient en ce sens
des philosophes néoplatoniciens, qu'ils
ne croyaient pas leurs opérations indi-
gnes ; les premiers invoquaient Dieu
dans leurs entreprises ; et les seconds,
au contraire, croyant qu'il n'était point
convenable de le faire intervenir dans
le monde matériel, supposaient entre la
divinité et les hommes des êtres inter-

médiaires, des âmes de la même origine,
de la même famille que les hommes, des
démons animant les diverses parties de
l'univers, et dont l'homme pouvait
quelquefois emprunter la puissance
surnaturelle. D'où les allégories et les
symboles. Le lion jaune représentait les
sulfures jaunes; le lion rouge, le sulfure
rouge; le lion vert, les sels de fer et de
cuivre; l'aigle noir, les sulfures noirs;
le dragon et le basilic remplacent souvent le lion et l'aigle. La chélidoine, le
suc de chélidoine, la primevère à corolles
jaunes, figuraient l'or, l'œuf était le
symbole du grand œuvre par excellence,

le symbole du monde : la coque représente la terre, le blanc et le jaune, les
autres éléments.

Le plomb était consacré à Saturne ;
à Jupiter, le corail, l'étain, le soufre ; au
Soleil, le charbon, le saphir et le diamant,
à Mercure le vif argent, l'oliban, le
mastic ; à la Lune, l'argent, le verre, l'antimoine. Les médicaments et remèdes
préparés pendant tel ou tel quartier de
la lune, semblent aujourd'hui encore,
dans les campagnes surtout, avoir la
prépondérance sur les autres. Je n'ai pas
la prétention ni le loisir de les citer ici ;
certes ils sont nombreux, surtout dans

la médecine empirique vétérinaire. J'ai été à même de m'en rendre compte, et si ce n'était la crainte de faire passer pour trop arriérés les sujets se livrant à de semblables pratiques, j'en énumérerais bon nombre.

De même qu'au seizième siècle, aujourd'hui encore, certains personnages que les campagnards décorent du nom de sorciers, se servent de recettes chimiques dont, pour la plupart, ils ignorent complètement les principes constitutifs, dont la cause première leur est tout à fait étrangère, mais qui, par l'effet produit, attirent sur eux l'ébahissement et l'admiration craintive de ceux auxquels ils donnent leurs conseils. L'empoisonnement des fourrages leur fait prédire la mortalité des animaux, et l'emploi d'une drogue qui leur est administrée en breuvages ou dans leurs aliments, leur donne mainte occasion de guérir les maladies annoncées d'avance.

Ces exemples ne sont pas nouveaux : on sait qu'Elisée corrigea l'amertume des eaux de Jéricho et celle d'un mets où il se trouvait de la coloquinte ; il jeta dans les unes un vase rempli de sel, et dans l'autre de la farine. Il est reconnu du reste aujourd'hui que l'amidon, la farine, et surtout la farine d'orge, ont la propriété de faire disparaître le goût amer de la coloquinte

Saint Epiphane (*Contra hæreses*), — lib. I. Tom. II, dit que Marcus remplissait trois coupes d'un verre transparent de vin blanc, et que, sous l'influence de sa prière, la liqueur, dans la première, devenait couleur de sang, la seconde, rouge pourpre, et la troisième, bleu de ciel.

Ces merveilles n'étaient sans doute basées que sur des phénomènes chimiques, expliqués de nos jours.

Dans les temples, quelquefois, à un

8

moment donné pendant la cérémonie
religieuse, le voile qui couvrait les choses
et les vases sacrés, devenait couleur rouge
sang, ce qui indiquait des choses désas-
treuses.

Ce phénomène chimique peut parfaitement s'expliquer. — On sait, par
expérience, que l'orseille teint en violet
les étoffes de laine, et que l'acide sulfo-
indigotique les colore en bleu; on
sait aussi que ces étoffes, ainsi teintes,
se décolorent complètement sous l'influence de l'acide sulphydrique, et que
l'air libre leur rend immédiatement la
couleur violette. Cette transformation a

beaucoup plus de chance de s'opérer
dans un milieu d'émanations de gaz carbonique, ce qui nous montre que dans
les temples païens, pendant que l'on
brûlait les torches et les parfums, on
aurait pu voir le voile du temple, de
blanc qu'il était, prendre une autre
couleur.

On lit dans le *Journal de Pharmacie*,
tome IV, février 1818, pages 57 et 58,
que « le professeur Bayrus, à la cour
« du duc de Brunswik, avait promis que
« son habit deviendrait rouge pendant
« le repas, ce qui eut lieu, au grand
« étonnement du duc et des autres

« convives. » Dans le même journal,
l'auteur qui rapporte cette circonstance
ne fait pas mention du secret du professeur, — mais il explique que, si l'on
verse de l'eau de chaux dans du sel de
betteraves, — un liquide incolore prend
immédiatement naissance; si on trempe
un morceau de drap dans ce liquide,
et qu'on le laisse sécher, il devient
rouge en quelques heures par le contact
de l'air.

On peut ajouter à cela que les émanations dégagées par un nombre plus ou
moins considérable de personnes assem-
blées, par les lumières, et enfin par

l'acide carbonique produit par la respi-
ration, peuvent produire un phénomène
sinon identique, du moins assez semblable à celui qui se passait dans les
temples païens.

On voit donc, par ce petit aperçu,
qu'il était facile, dans l'antiquité comme
de nos jours encore, de changer en merveilles les jeux les plus simples d'une
pratique cachée.

Il est temps de faire reparaître le principal personnage sur la scène. Je reviens
donc chercher le révérend père Basile
Valentin, qui s'ennuie d'être livré à un
perpétuel repos, d'ailleurs, on nous saura

8*

gré de le faire reparaître, il nous expliquera, dans la révélation de ses artifices secrets, comment il prétendait être arrivé à faire de l'or et de l'argent.

Une chose, soit dit en passant, frappe quand on lit avec attention les analyses des œuvres de ce savant bénédictin. Comme les alchimistes ses prédécesseurs, s'attachant à faire l'énumération des procédés chimiques, il s'élève moins qu'eux dans les hautes régions, et arrive à son but en recherchant moins d'allégories et d'images. Il est, en un mot, plus pratique, tout en restant plus théorique encore que ses devanciers.

Les théories chimiques taillées grossièrement dans le peu de lumières qui, à cette première époque, pour ainsi dire, présidait aux développements dont la science donna plus tard le dernier mot, ces théories, disons-nous, n'en renfermaient pas moins le germe de toute la chimie pharmaceutique.

Que ces souffleurs de fourneaux, que ces hallucinés, que ces fous aient été atteints de monomanie, ils n'en ont pas moins eu l'honneur des ouvriers de la première heure; et tout en cherchant au fond d'une cornue les résidus fangeux qui, pour eux, renfermaient des mondes

inqualifiables, ils n'en ont pas moins
trouvé, sinon de l'or, du moins une
quantité de produits chimiques peuplant
aujourd'hui nos ateliers et nos officines.

Voici comment Basile Valentin prétendait être arrivé à faire de l'or ou de
l'argent : « Il faut calciner, dit-il, un mélange d'étain et de chaux vive pendant
une journée, vous enleverez la chaux et
vous obtiendrez une poudre qui, étant
fondue avec du plomb, donnera de l'argent et de l'or en quantité suffisante
pour vous procurer une aisance hon-
nête.

Il indique aussi comment un quintal

de plomb peut donner sept marcs d'argent fin :

« Calcinez, dit-il, du plomb avec de l'étain et du sel commun, ajoutez au mélange qui reste un peu d'huile de vitriol, conservez la masse pâteuse qui en résultera dans un vase bien luté ; chauffez au bain de sable pendant huit jours et huit nuits, et vous trouverez au fond du vase de l'argent pur. » Il est évident que si on veut se livrer à cette pratique, elle est dure ; on y verra du feu pendant longtemps, et si un adepte moderne avait l'envie d'exécuter ce procédé, il lui serait bien justement octroyé sept marcs d'argent pur, au lieu du sulfate de plomb et du mélange infernal qu'il trouverait au fond de son alambic, ne serait-ce du moins que pour récompenser sa persévérance.

A cette même époque aussi, beaucoup de gens lettrés ou illettrés, loin de ramasser des trésors, avaient dépensé beaucoup d'argent. Aussi les opérateurs étaient-ils silencieux et discrets; ils avaient la crainte de passer pour faussaires et d'être tourmentés si le grand-œuvre restait inachevé; et, ce qui ressort le mieux de toutes les données, c'est que vu les règles à suivre, eu égard à toutes

les opérations longues et coûteuses auxquelles devait se livrer l'absurde entêté,
convoiteur de trésors, il fallait que celui
qui se livrait à ses pratiques fût riche,
afin d'acheter tout ce qui était urgent et
nécessaire pour.... manquer toujours le
but ! Donc, chose facile à déduire de
cet argument : l'alchimiste pauvre ne
pouvait obtenir la richesse, l'alchimiste
riche se ruinait complètement en voulant
obtenir l'or qu'il ne pouvait trouver.

Ils avaient le soin d'éviter, ces savants
hétéroclites, des rapports trop intimes
avec les grands seigneurs et les princes,
craignant d'être harcelés de leurs

questions et de leurs exigences. Ils
redoutaient deux choses : la réussite
et la non-réussite, et voici pourquoi :
d'abord, la réussite les aurait privés,
dépouillés des énormes profits qu'entre-
voyaient leurs cerveaux malades ; les
princes les auraient enfermés, tenus en
charte privée, condamnant ces martyrs
d'une science chimérique à ne travailler
que pour l'assouvissement d'une rapa-
cité, de désirs, de goûts, d'appétits qui
n'avaient rien de chevaleresque, cruelle
alternative, qui imposait le rôle abject
d'esclave à une intelligence qui ne
demandait qu'à prendre son essor.

Seul, Basile Valentin donna alors des manipulations qui, quoique ne faisant point arriver au but convoité, jouissaient d'une espèce de bon sens chimique qu'on ne retrouve guère chez les autres, roulant tous dans la même sphère. L'influence des doctrines alchimiques englobait presque complètement les théories du grand œuvre, et c'est pourquoi on voit le moine Ortholain conseiller, pour préparer l'élixir qui doit convertir le plomb en or, de faire digérer dans du fumier de cheval les sucs de mercuriale, de pourpier et de chélidoine. Il fait remettre ce suc dans le même

9

fumier; il en naît des vers qui se mangent tous les uns les autres jusqu'au dernier; alors on le recueille, on le nourrit avec les trois plantes indiquées, jusqu'à ce qu'il soit devenu de la grosseur d'un crapaud. [1] On le renferme dans un vase, il y périt; on le réduit en cendre en le consumant; cette cendre est traitée avec de l'huile de vitriol, on en fait une pâte, on la projette sur le plomb pour l'éprouver, si elle se ternit et se convertit en or, l'œuvre est arrivée à son degré de perfection.

[1] Voir à la fin de la deuxième partie.

CHAPITRE III

De l'or potable, de ses vertus. — Il parle le premier des bains médicinaux,
de la distillation, et de la rectification de l'alcool.
Du phosphate de chaux. — La lampe à alcool. — Des éthers. — De l'eau forte.
Des lampes de sûreté pour les mineurs. — Des sels de fer, etc.

Entre ce factum et celui de l'alchimiste Ripley, cité plus haut, et celui de Basile Valentin, déjà connu du lecteur, il est aisé de voir combien la différence est grande.

L'un et l'autre restent dans les limites des termes à peu près chimiques, tandis qu'Ortholain tombe dans la magie. C'est un effet magique de voir tous ces vers se manger les uns les autres, et le dernier restant se transformer en crapaud. Du reste, chaque maître possédait à peu près sa théorie personnelle, et tous, les uns et les autres, prétendaient avoir raison.

Mais, l'or des alchimistes, s'écriait Albert le Grand, n'est pas de l'or véritable : il ne guérit pas la lèpre, il irrite les plaies, ce que ne fait pas l'or ordinaire !

Ce n'était pas là précisément l'avis de
B. Valentin. Dans la révélation des
mystères essentiels des sept métaux, il
vante les vertus de l'or potable, qui, selon
lui, guérit les maladies vénériennes, la
lèpre, fortifie le cœur et excite à
l'amour. Le premier de tous, il fait entrevoir les éthers, quand il dit que pour
enlever à l'esprit de sel, ou à l'huile de
vitriol leur corrosivité, il les faut distiller
sur de l'alcool rectifié.

Or, on sait que les éthers, tant
chlorhydriques, sulfuriques, que nitriques sont le résultat de la distillation de
ces acides avec de l'alcool.

L'or potable n'est rien autre chose qu'une dissolution d'or calciné; il ajoute que l'esprit de sel est tout à fait indispensable à sa préparation; c'est donc dans le simple but d'enlever sa trop grande corrosivité que, comme il est dit plus haut, on le distille sur l'alcool rectifié.

Tout en parlant distillation on arrive nécessairement à cet acte important, que connaissait très bien le père Valentin; il s'y étend avec complaisance, surtout pour la rectification de l'alcool et de l'eau-de-vie.

Les alchimistes y ont attaché beaucoup d'importance. Ils connaissaient tous le nom d'*Eaux ardentes*, c'est-à-dire celles qui, après avoir imprégné un drap, brûlaient sans le consumer.

Mais, si le drap n'est pas réduit en cendres, c'est que le *phlegme* ou l'eau en est la cause. C'est pour cela qu'ils le soumettent à une autre distillation. C'est donc une rectification véritable, et on reconnaît que l'eau-de-vie est arrivée à son degré de perfection quand le drap lui-même se réduit complètement en cendres.

L'art de la distillation, que l'on veut faire remonter à Albucasis, était, d'après

des documents certains, bien connue
avant lui. Dans les temps encore plus
anciens, les thaumaturges en avaient la
connaissance, pour pouvoir produire des
liquides inflammables, et étonner les
masses ignorantes. Les Indous connaissaient l'eau-de-vie dès les temps les plus
reculés. La distillation était pratiquée
dans l'Indoustan. M. Turner, dans
son ambassade au Thibet, parle du vin
de riz, duquel on retire l'*arra*, liqueur
alcoolique. Il doute que les indigènes
aient appris ce procédé des Européens.
M. Cadet de Gassicourt, dans son
article *distillation* (*Dictionnaire des Scien-*

ces médicales), dit que cinq siècles avant notre ère, l'art de la distillation et de ses produits avaient passé de la haute Asie dans l'Asie grecque et dans la Grèce; d'après le même auteur, la liqueur de Scythie, le *scythicus latex* de Démocrite, n'était rien autre chose que de l'alcool. Les Scythes pouvaient bien obtenir de l'eau-de-vie des productions de leurs terres; mais tout porte à croire que la liqueur de Scythie n'était pas extraite de l'eau-de-vie de vin, qui n'a été connue que plus tard.

D'ailleurs, un exemple nous démontre que cet art est fort ancien dans les

9*

peuples. La Sibérie, qui n'est pourtant point un pays d'innovations, la Sibérie voit récolter, chaque année, les tiges de la berce, fausse brancursine ou patte d'oie, non-seulement pour se servir de l'efflorescence sucrée qui les recouvre, mais encore pour les faire fermenter dans l'eau, et obtenir une quantité considérable d'alcool. Enfin, Pline et Dioscoride ont décrit l'art de la distillation pour retirer le mercure du cinabre.

Basile Valentin a contribué, pour sa part, d'une façon très-intelligente, à la perfection de cette importante opération ; c'est lui qui recommande, pour que l'action soit plus rapide, d'envelopper les vases de linges mouillés, de façon à ce que la vapeur se concentre au plus vite ; il indique fort bien la concentration de l'eau-de-vie et les procédés mis en usage alors.

On lui doit l'*invention des bains médicinaux* ; c'est lui qui, le premier, semble en parler sous le nom de bains artificiels ; il les préconise contre certaines maladies, et fait employer pour leur préparation le carbonate de potasse, ou le sel marin.

Ce ne sont pas là encore ses moindres découvertes. Dans des temps bien plus

reculés, au moment de la splendeur de
de Rome, où les bains faisaient partie du
luxe, les Romains, si raffinés, ne connaissaient pas encore ces bains médicinaux artificiels. Ils ne possédaient, pour
bains médicinaux, que les bains minéraux
naturels, ne connaissaient dans les bains,
pris par simple cause de bon ton ou
d'hygiène, que le massage et l'usage
immodéré des parfums. Les bains
entraient, pour ainsi dire, dans la plus
grande partie de leur existence ; les
débauchés surtout se donnaient, comme
luxe, ou en manière d'excentricité, d'en
prendre au sortir de table ; on en cite

même quelques-uns qui prenaient jusqu'à huit bains par jour, entre autres
l'empereur Néron, qui quittait sa table
pour prendre des bains chauds en hiver,
des bains froids rafraîchis avec la glace
et la neige en été.

Soyez indulgent, cher lecteur, pardon
pour cette digression, et puisque nous
en sommes à la matière balnéable, per-
mettez-nous de jeter un coup d'œil
sur les eaux minérales anciennes, qui
constituaient alors les bains médicinaux
des Romains.

Parmi les eaux minérales connues des
anciens, il y en avait au moins la moitié

qui, comme celles d'aujourd'hui, étaient
sans aucune efficacité.

Pline en donne une longue description.
C'étaient des eaux gazeuses, alumineuses,
sulfureuses, nitreuses ou bitumineuses.
— Des sources exhalaient des vapeurs
qui, à elles seules, étaient des remèdes.

Baïes était l'endroit où se rendait la
fashion romaine ; les eaux minérales de
cette gracieuse station thermale étaient
bonnes pour provoquer les sueurs ; les
eaux de Sinuesse, en Campanie, étaient
réputées guérir la folie.

Les parfums, dont les Romains faisaient
un usage immodéré, étaient ajoutés aux

bains; si les bains qu'ils prenaient n'étaient pas des bains médicinaux, c'étaient du moins, jusqu'à un certain point, des bains toniques; et les bains russes, si vantés aujourd'hui, étaient les mêmes chez eux, quand on voit les diffé-rentes salles où la température se suc-cédait chaude, tiède et froide, sans compter, les brosses et les massages fort en vigueur aussi à cette epoque.

Mais on ne voit nullement chez eux les bains minéraux artificiels, et ce n'est que Basile Valentin qui, au quinzième siècle, en parle et les prescrit le premier. Parmi toutes les inventions, celle-ci est, sans contredit, une des plus utiles, quand on songe au commerce étendu qu'a pris aujourd'hui cette industrie.

Un médicament, qui dans la médecine actuelle est un agent puissant, et qui, aujourd'hui surtout, est journellement employé, c'est le phosphate de chaux, sans compter tous les autres phosphates et principalement ceux de fer. — Basile Valentin est un des premiers qui le retirèrent d'une façon directe, en incinérant les os, le cerveau, les membres des animaux; en traitant les résidus par différents liquides, il obtenait des matières salines, tous phosphates de chaux et jouissant de propriétés diverses, selon qu'elles étaient extraites des os, des matières cérébrales, du corps humain, d'un bœuf ou d'une grenouille.

Il ne dit rien de la préparation du phosphore ; mais, avant lui, Alchild-Bechil, travaillant sur les urines et sur les os, connaissait le *porte-lumière* ou phosphore, dont, comme les alchimistes de son temps, il avait fait un grand secret.

Basile Valentin a entrevu aussi l'ammoniaque, qu'il nomme sel volatil des urines; et, à propos de ses opérations et manipulations, il parle de la lampe

à alcool, qu'il rejette comme d'un usage
trop dispendieux. Ainsi donc la lampe
à alcool était connue depuis des siècles.

Les ouvrages de cet intelligent bénédictin nous montrent, comme nous avons
eu déjà l'occasion de le dire, qu'il est le
seul fondateur de toute la chimie pharmaceutique. La crainte d'effrayer le
lecteur par une énumération trop longue, fait que nous n'avons cité que les
principaux faits dignes d'intérêt en
éloignant surtout la forme technique
qui apporte généralement avec elle
l'ennui d'une aride leçon de chimie,
dégoûte le lecteur et n'encourage pas

l'auteur. Encore un peu de bonne volonté.

Parmi les inventions précieuses et grossièrement ébauchées dont il a doté la science, notre héros a révélé et expliqué une découverte qui, de nos jours encore, rend un service immense, aux ouvriers des mines et les préserve des atteintes du feu grisou.

Selon lui, sans se servir encore du mot acide carbonique, il dit que l'eau des souterrains, est rendue irrespirable comme le serait l'eau des caves complètement fermées, sous l'influence de la fermentation du moût (production d'acide carbonique).— Il recommande, pour les assainir, d'allumer de grands feux, de manière à renouveler l'air ; il conseille, à ce point de vue, un tirage fort ingénieux, qu'il désigne sous le nom de tirage automate. On fait une boule de cuivre de la grandeur et de la grosseur d'une tête d'homme, on la remplit d'eau par un trou, on la porte sur des charbons ardents et on la place dans l'endroit où l'on veut assainir l'air irrespirable. Mais voilà qui se rapproche encore plus de la lampe des mineurs, employée pour leur sûreté personnelle :

A cette époque, tout porte à croire

que l'on ne connaissait pas encore la chandelle à mêche; aussi, sous le nom de verge ardente, il fait faire des espèces de torches enduites de résine et de cire; on les allume, et si la lumière s'éteint dans la mine, il est reconnu qu'il ne faut pas aller plus loin, sous peine d'encourir un grand danger. Selon lui, ce serait l'air qui, corrompu par les métaux, deviendrait irrespirable.

Les mines de Hongrie, de Saxe et de Bohême sont vantées dans ses ouvrages; il apprend que le fer de Hongrie est bien plus beau que les autres, car, étant privé du cuivre qu'il contient, il est propre à la fabrication des armures, et principalement à celle des cottes de mailles.

Dans une observation judicieuse, et de beaucoup de portée, à la louange de l'intelligence de l'auteur, il dit que, par l'analyse des sels que contient une eau minérale, on peut être conduit à la découverte de certaines mines.

On pourrait faire durer encore long-temps l'analyse de tous ces travaux, mais à quoi bon, nous le répétons encore, ennuyer le lecteur par tant de termes techniques? Nous nous contenterons de les signaler seulement en passant.

Les préparations de l'antimoine, celles de l'arsenic, dont il fait entrevoir les funestes effets, c'est l'ignorance, qui dit-il, en rend l'usage périlleux. Le salpêtre se parle à lui-même, et se dit : Je suis un esprit subtil, *et c'est moi qui suis l'accident nécessaire dans la corrosion des métaux.* (Oxygène, ou esprit nitro-aérien.) A propos de tel oxydant énergique, il lui fait dire : « Quand la fin « de ma vie arrive, je ne puis exister « seul, je brûle avec une flamme gaie « et pétillante ; quand je suis joint par « l'amitié aux métaux, et que nous avons « vigoureusement sué ensemble dans

« cet enfer, le spirituel se sépare de
« la matière, et nous laissons des combi-
« naisons riches et splendides. »

Dans sa préparation des médicaments,
il parle de la distillation de l'huile de
vitriol avec l'alcool. (Formation des
éthers.)

Il fait préparer l'eau forte ou acide
nitrique par le procédé que l'on emploie
encore aujourd'hui, et traiter le nitre par
l'acide sulfurique.

L'esprit de sel, ou acide hydrochlo-
rique, est préparé à l'aide du sel marin
et du vitriol ; aujourd'hui, c'est l'acide

sulfurique qui le remplace dans sa préparation.

Et le sel de soufre, qui n'est autre
chose que le sulfure de potassium, est
obtenu, selon lui, en faisant fondre le
sel de tartre (carbonate de potasse) avec
le soufre.

Le sel de fer, de Basile Valentin, n'est
autre que le sulfate de fer ordinaire
préparé avec l'acide sulfurique.

Il parle aussi du mercure, et d'après
ce qu'il en dit, il existe partout dans la
nature, ce qui fait voir que, sous le nom
de *Esprit de Mercure*, les alchimistes
n'avaient pas été sans apercevoir l'or

10

préparé avec l'oxyde de mercure. Ils
disaient dans leur langage symbolique
et enigmatique : « Les métaux prennent
tous leur origine ; c'est un air volant
sans ailes qui, chassé par Vulcain de
son domicile, rentre dans le chaos,
se mêle à l'air d'où il était sorti auparavant. » C'est donc bien l'oxyde, puisqu'il dit que cet esprit agit sur les
animaux, les minéraux et les végétaux,
qu'il leur est utile et même indispensable.....

CHAPITRE IV

La chimie pharmaceutique a pour fondateur Basile Valentin.
Ses aspirations et sa bonne foi le font placer au nombre des savants
consciencieux. — On ne doit pas le confondre
dans la catégorie des alchimistes flétris par Bernard de Palissy.

Nous venons de tracer le résumé
des travaux de l'illustre bénédictin
d'Erfurth, alchimiste imbu des règles
de l'art, menant, directement ou indi-
rectement, à ce que les essayeurs d'alors
voulaient atteindre, le grand œuvre et la

pierre philosophale. — Mais l'avantage qu'il possède sur ses prédécesseurs et même sur des alchimistes, ses successeurs dans la même voie, est un exposé net et concis de théories qui n'ont rien d'absurde et qui sont mises aujourd'hui encore en pratique éclairée, grâce à la science qui, de nos jours, effaçant, anéantissant les grossières et monstrueuses erreurs, a donné une légitime notoriété à ce qu'il y avait de bon dans les préparations enfantées par ce savant du premier âge.

En effet, que n'y a pas gagné toute la chimie pharmaceutique, dont Basile

Valentin est, on doit le dire, le premier fondateur ? Des études sur les préparations antimoniales, l'extraction des métaux par la voie sèche et la voie humide, les sels tirés des animaux, des réformes dans la distillation, et un assez grand nombre de préparations ferrugineuses d'un usage très-fréquent aujourd'hui. Tel est le bilan du moine Basile Valentin.

Son imagination, nous en avons la preuve, a été vagabonde, elle se laissait entraîner aux mystérieuses inspirations du grand œuvre qui, dans le silence du cloître et l'ardeur du laboratoire, influaient sur les pensées et les actes de ces

10·

adeptes d'une science positive dans les
creusets, mais vaporeuse et insaisissable
dans les effets qu'elle n'a jamais pu réaliser.

Comme les autres alchimistes, Valentin avait entrepris la recherche et la
fabrication de l'or potable, cette panacée
universelle qui devait avoir tant d'influence sur la santé humaine. — C'est
là toute son erreur ; et, si, après lui,
d'autres alchimistes l'ont préconisé, et
si Paracelse [1] lui-même en a vanté les
effets, soutenu qu'il était par ses adeptes,
il est hautement, bien longtemps
après lui, blâmé par l'illustre potier de

1 Voir à la fin de la deuxième partie.

Catherine de Médicis, Bernard de Palissy.
— Cet or potable, s'écrie-t-il, qui,
suivant les alchimistes, avait tant de
vertus et de qualités, est un médicament
plutôt nuisible qu'avantageux ! C'est
aussi une vraie spéculation pour la médecine plutôt que d'un intérêt réel pour
le malade !

A l'époque de Bernard de Palissy, le
charlatanisme était aussi en faveur
qu'aujourd'hui ; même à ce propos, il
fait connaître une anecdote qui ne sera
pas déplacée ici.

On peut en trouver bon nombre
d'exemples, car les somnambules de nos

jours ne manquent pas de compères qui, comme la femme du médecin dont on va lire l'histoire, savent très-bien tirer les vers du nez de ceux qui veulent les consulter.

« J'ai connu, dit-il, dans une petite ville du Poitou, un médecin très-peu savant, qui, par ses manœuvres, s'attirait la confiance et toute l'amitié des habitants du pays ; près de la porte de sa maison, se trouvait un petit cabinet secret d'où il voyait arriver, en regardant par un petit trou, ceux qui lui apportaient de l'urine, pour reconnaître, d'après analyse, l'affection dont le malade était

atteint. Sa femme se plaçait sur un banc
attenant à une fenêtre fermée de châs-
sis, et qui donnait dans le cabinet. Elle
interrogeait le porteur d'urine, lui demandait qui il était, d'où il était, —
lui disant que son mari était allé à la
ville, et qu'il ne tarderait pas de rentrer.
Elle faisait asseoir les gens à côté d'elle,
les interrogeait, leur demandait depuis
quel jour ils étaient malades, quelle
partie du corps leur faisait mal, et, en un
mot, tous les signes de la maladie.

« Pendant que le messager répondait
aux questions de madame, le médecin
écoutait tout, puis sortant par une porte

de derrière, rentrait par celle de devant
et apparaissait avec l'air calme et digne
appartenant à un homme revêtu d'un
caractère sérieux, et à la hauteur de la
mission qu'il accomplit et du titre
qu'il porte. Madame le 'voyant alors
venir, s'écriait : « Voilà mon mari, pré-
sentez-vous et parlez-lui. » Le messager
s'avançait alors, et présentait l'urine ;
le médecin le regardait d'un air capable , se recueillait un instant et débi-
tait avec aplomb tout ce qu'il avait
entendu raconter, assis lui-même dans
son cabinet, prescrivait les remèdes et
laissait ébahi le porteur, qui rentrait

au logis s'extasiant sur les talents de cet Esculape qui avait reconnu la maladie à la première vue de l'urine. »

Ce n'est là qu'une piquante allusion, croyons-nous, de l'illustre céramiste. Elle n'a d'autre but que celui de démontrer que de tout temps le charlatanisme a été à la mode : il le flétrit, et dans le paroxysme de son indignation à propos de l'or potable, il traiterait même les alchimistes de charlatans, surtout dans les méthodes qu'ils enseignent pour la recherche de l'or. Il les raille et les plaisante à tout propos. Il raconte même qu'il serait heureux de voir les médecins

pratiquer l'alchimie, par la simple raison
qu'ils apprendront à connaître la nature,
ce qui leur serait d'une très-grande utilité
pour leur art, et en la pratiquant ils
verront l'impossibilité où elle est de
conduire à toute chose sérieuse.

Enfin, moraliste sévère contre toutes
les pratiques qu'il trouve déshonnêtes,
ne comprenant pas que tant de gens se
soient ruinés à tout jamais en santé
et en fortune ; et ne sachant, dans son
indignation, démontrer comment tous
les hommes se livraient à cette folie, il
invente cette fable. « Je pris, dit-il, la
tête d'un homme, je retirai son essence

par calcination, sublimation et distillation; ayant séparé toutes les matières,
je trouvai que l'homme était enclin à
un nombre infini de folies ; quand je les
aperçu, j'en fus, dit–il, terrassé ; l'envie
me prit soudain d'examiner davantage,
je vis que l'avarice et l'ambition avaient
pourri et gâté presque entièrement la
cervelle. »

Voilà donc l'opinion de B. de Palissy
sur ces chercheurs d'or, âpres au gain,
sans véracité, se dévorant tous, par
jalousie, les uns les autres. L'opinion
qu'il émet sur leur compte est comme le
sceau d'une malédiction. Or, il aurait

été indigne du caractère du noble vieillard, qui fit une si noble et si fière réponse au roi Charles IX, de ne pas jeter son anathème contre des pratiques trompant les trop crédules, et pouvant les entraîner dans des dommages dont on connaît les trop funestes consé-quences pour ceux qui en ont été mal-heureusement victimes.

L'alchimie du moyen âge fit place à une science expérimentale qui, plus tard, attira les regards du monde intelligent.

Les alchimistes pouvaient se diviser en deux classes bien tranchées. Ceux qui existaient au commencement du moyen âge, étaient, pour la plupart, il faut le reconnaître, des gens qui, avec des pratiques mensongères, attiraient à eux les esprits trop crédules.

La recherche de la pierre philoso-phale, la poudre de projection qui pouvait transformer en or le plomb ou le mercure, sont autant de fictions et d'artifices grossiers qui n'avaient que le but d'exploiter la crédulité. Générale-ment le peu bonne de foi qui présidait à ces manœuvres n'était que l'apanage de pressions ou de jeux de mauvais aloi ; la seule ambition de ces grugeurs était de tromper et de rendre fous la plupart de

ceux qui s'y livraient corps et âme. Le
second groupe possède des gens de bonne
foi, ceux qui s'appuyaient sur des théories
raisonnables et bien fondées, et qui
croyaient sincèrement au progrès et à la
réussite de leur science.

Ainsi fut Basile Valentin; si son esprit
l'a conduit quelquefois dans des théories
extravagantes, il était excusable, on ne
peut lui reprocher des intentions douteuses. A part quelques théories sur la fabrication de l'or, tout est au contraire
positif, clair, puisque les procédés chimiques qu'il a donnés, sont encore en
vigueur. Il pourrait encore aujourd'hui

s'entendre avec des chimistes, et son intelligence qui, à son époque, était entourée de nuages et de superstitions, ferait aujourd'hui merveille, comparativement à ce qu'elle avait pu faire alors.

Ce ne fut donc vraiment qu'à la fin du seizième et au commencement du dix-septième siècle que la chimie fut complètement dépouillée de son vieux manteau poudreux et fantastique, et que son influence salutaire se répandit sur la progression des sciences médicales et physiques.

Le type de Basile Valentin renferme

à lui seul l'histoire de l'alchimie consi-
dérée à ce point de vue honorable.

Placé, en effet, entre le quinzième et
le seizième siècle, il est comme le point
de transition de ces deux époques, possédant les théories de la première, et
apportant de la lumière dans la seconde.

Soit dit encore à sa louange, ses travaux ont ouvert un vaste champ aux
conceptions chimiques. Si, en dehors du
cloître, il eût été livré publiquement à
des démonstrations et mis en communication d'idées avec des travailleurs de sa
nature, il aurait peut-être eu l'honneur

qu'ont eu au dix-septième siècle, Galilée, Descartes et François Bacon, qui, les premiers dirigèrent les heureuses impulsions données aux idées humaines.

FIN DE LA DEUXIÈME PARTIE.

TROISIÈME PARTIE

LE

FEU GRÉGEOIS

ÉTUDE CRITIQUE ET HISTORIQUE.

CHAPITRE PREMIER

A quelle époque on fait remonter son invention. — L'Histoire
et la Mythologie. — La liqueur inflammable de Médée. — Les taureaux
ignivomes de Valentin. — Quelles étaient les matières inflammables
que les Romains lançaient sur l'ennemi. — Le siège de Samosaste.
Les feux mystérieux. — Les feux automates
sembleraient avoir la même base que le feu grégeois. — Comment
la tradition rapporte que sa recette fut communiquée aux hommes.
Tite-Live donne la composition d'un feu inextinguible. — Les Perses
ont passé pour posséder la véritable formule du feu grégeois.
L'ingénieur Callinique d'Héliopolis l'emploie dans la bataille livrée
contre les Sarrasins dans l'Hellespont.
Intensité et ardeur de ce feu. — Comment il était lancé, etc.

**Des interprétations aussi nombreuses
que tranchées se sont élevées à propos
de ce redoutable engin de guerre, qui**

fut la terreur des peuples, depuis le jour de son invention jusqu'au jour où il disparut des champs de bataille. Cette invention remonte au commencement du septième ou du huitième siècle, époque à laquelle les Grecs s'étaient servis, dit-on, du feu grégeois pour brûler la flotte des Sarrasins, près de Cyzique.

La liqueur de naphte de Médée, qui reçut des Grecs le nom de *liqueur de Médée*, et dont elle se servit pour frotter la couronne de sa rivale, qu'elle devait faire périr au moment où la malheureuse s'approcherait de l'autel pour y offrir un sacrifice, était une liqueur inflammable.

Pline (*Hist. nat.*), Sénèque, dans *Médée* (acte IV, scène II), nous représente le bandeau d'or envoyé à Créuse, renfermant un feu obscur, dont Prométhée lui a enseigné le secret ; Vulcain, dit-elle, lui donne des feux cachés, et Phaëton lui procure du ciel les étincelles d'une flamme inextinguible.

Tout porte à croire que ces compositions étaient analogues au feu grégeois. En effet, quoi de plus inflammable que l'huile de naphte ? On pourrait presque affirmer que cette composition en était la base. Que de gens, sur les tables desquels on peut voir aujourd'hui cet éclairage économique, sont loin de se douter qu'ils ont sous les yeux l'élément incendiaire le plus puissant qui ait jamais existé ! Dès la plus haute anti-quité, le naphte était connu sous le nom de feu sacré.

Nous mentionnerons, pour mémoire, certains faits qui, bien que réunissant des caractères scientifiques suffisamment déterminés, sont plutôt du domaine de la mythologie que de la science.

Cette dernière doit être, en effet, exacte et positive, et la première ne nous fournit aucune des données capables de nous conduire à des conséquences rigoureuses.

L'huile de Médée ne serait, au dire de quelques savants, autre chose que le feu grégeois. — *Les fameux taureaux ignivomes,* que la célèbre et terrible magicienne livra à Jason, dont elle était alors éperdûment amoureuse, ces taureaux, ouvrage de Vulcain, ne pouvaient être, toujours d'après les mêmes autorités, que des machines destinées et propres à lancer le feu grégeois.

Sans vouloir ouvertement contredire toutes les assertions émanées d'hommes dont nous respectons le caractère, et dont nous apprécions les travaux, nous avouerons que nous ne saurions nous accommoder de toutes les hypothèses qu'ils ont émises, et que, du moins dans la période de l'antiquité, ce qu'ils croient avoir été le feu grégéois pouvait bien être une composition toute différente, dont le temps et les criminels d'alors ne nous ont pas transmis le secret.

La poix résine et le bitume étaient les substances dont les Romains se servaient habituellement pour les lancer enflammés sur l'ennemi. — Pline nous apprend que la maltha, qui n'est autre que du bitume, servit aux habitants de Samosaste, pour se défendre dans le siége qu'ils avaient à soutenir contre

Lucullus. (Pline, *Hist. naturelle*, lib. II, chap. civ.)

Nous n'avons pas à nous arrêter ici sur les mystères d'Eusis ni d'Éleusis, dont les prêtres, au dire des historiens, imitaient les éclairs, la foudre et le bruit du tonnerre ; les initiés étaient seuls admis aux secrets de ces manœuvres ; nous nous bornerons à rire de la folie de Caligula, qui, d'après Dio-Cassus, voulait être assez audacieux pour lancer en l'air, à l'aide de machines, des foudres, pour répondre à celles de Jupiter tonnant. Le but que nous désirons simplement atteindre est de nous arrê--

ter sur la composition chimique de cet engin, dont on a peut-être exagéré beaucoup les effets, et si un assez grand nombre de compositions analogues, sous les noms de feux mystérieux et de feux automates, ont longtemps surpris et effrayé les anciens, ils n'en reviennent toujours pas moins à la composition du feu grégeois, ayant pour base les résines et les huiles inflammables.

Le feu grégeois, suivant Constantin Porphyrogénète, lui fut communiqué par un ange, qui lui recommanda sous peine de commettre un sacrilége, de ne point en révéler le secret aux barbares.—

Tite-Live (lib. XXXIV, chapitre XIII),
dit qu'à Rome, en l'an 186 avant Jésus-
Christ, les initiés connaissaient la composition d'un feu qui ne s'éteignait
même pas dans l'eau ; il est probable,
comme l'explique l'auteur, que la chaux
et le soufre entraient dans sa composition, et qu'on y ajoutait du bitume avec
de l'huile de naphte.

Il est dit aussi que les Grecs possédaient la recette du feu grégeois. — Ils
enduisaient d'une huile inflammable
leurs flèches qui, lancées légèrement,
couvraient de flammes dévorantes ceux
qu'elles atteignaient, et le feu était tel

que l'eau ne faisait qu'augmenter l'intensité de l'incendie ; on ne pouvait se rendre maître de la flamme qu'en couvrant le corps de poussière.

Les histoires où le feu grégeois paraît avoir joué un certain rôle remontent aux temps merveilleux de l'Indoustan. — Les *Mille et une Nuits*, à la LVe nuit, tome I, pages 321 à 322, nous représentent des magiciens et des magiciennes lançant sur les spectateurs une flamme dont ils ressentent les terribles effets : c'est sans doute une huile inflammable du même genre que l'huile de naphte. — L'histoire d'Alexan-

dre le Grand, tournée à l'épisode romanti-
que, nous montre ce monarque pénétrant
dans l'Inde, et tournant contre les éléphants de ses ennemis des machines
vomissant du feu.

Par précaution, dit-on, la liqueur
inflammable n'était livrée qu'au roi lui-
même; nul ne pouvait en avoir en dépôt
et n'avait la permission d'en conserver
aucune trace.

Tout, dans les commencements, con-
courait à donner à ce terrible feu une
origine mystérieuse, les uns croyaient
qu'on le retirait d'un serpent d'eau
fort dangereux ; d'autres, qu'il était

retiré d'un animal semblable à un ver.

Quoi qu'il en soit, l'huile de naphte, nous le répétons, était le principal élément inflammable de ce feu, et rien n'aurait pu empêcher qu'on y ajoutât une graisse animale pour en activer la combustion.

Le nom de *grégeois*, vient du mot de *græcus*, grec ; il a été donné à ce feu qui fut inventé vers la fin du septième siècle. Ce fut, dit-on, un ingénieur d'Héliopolis en Syrie, nommé Callinique, qui l'employa heureusement dans la bataille que les généraux de l'armée navale de l'empereur Constantin Pogonat livrèrent aux

Sarrasins, dans l'Hellespont. L'effet fut si prompt, que trente mille hommes qui montaient leur flotte furent tous consumés au milieu des eaux avec leurs navires ; le feu augmentait en intensité dans l'eau, se portait aussi bien à droite qu'à gauche, en haut, en bas, selon l'impulsion qu'il recevait, et suivant l'adresse de ceux qui savaient le lancer. On le projetait autrefois avec des machines à ressort, comme on lançait un trait avec une arbalète ; on le lançait aussi en le soufflant par de longues sarbacanes ou des tuyaux en cuivre, par lesquels il s'élançait impétueusement et

12

allait se répandre sur le corps qu'on voulait embraser.

Mais cette invention, peu commode, comme on peut le voir, et cette pratique, dangereuse dans le moyen du lancement, est remplacée par l'usage de la poudre à canon qui fait plus vigoureusement ce que les arbalètes ou le souffle ne pouvaient faire.

Quoi qu'il en soit, Callinique n'inventa peut-être rien, il divulgua sans doute une recette dont la naissance se perd dans la nuit des temps. (Voir Vultarius, lib. II, *de Re militari*, *Porta magia naturalis*, lib. XII, Cardan, *de Subtilitate*, lib. II.)

CHAPITRE II

Marcus Græcus dans son livre des feus, semble préciser
la formule exacte du feu grégeois. — Il en décrit la force. — Les pétards,
les doubles pétards, le feu volant, les eaux-ardentes,
les matières spontanément inflammables des thaumaturges, sont peut-être
analogues à ceux dont ils se servaient dans les combats. — Les Titans
et les Dieux. — L'arsenal de Vulcain. — Le feu grégeois
et la poudre à canon sembleraient avoir existé en même temps.
Marcus Græcus en donne la composition. — L'honneur de son invention
semblerait lui revenir. — Formule du feu grégeois. — Moyen
de combattre l'ennemi tant sur terre que sur mer. — Ruses de guerre.
Composition d'un feu pour incendier les maisons ennemies placées
sur les montagnes. — Comment on doit le lancer.
Aristote possédait un procédé analogue. — Buffon, dans les
Théories de la terre, cite un fait expliquant la base de ce procédé. — Cause
physique. — Déductions tirées de la mythologie et de l'histoire.
Porsenna et le dragon monstre.
Les magiciens étrusques et Alaric au siège de Rome.

Néanmoins, ce fut Marcus Græcus, lequel paraît avoir existé à cette époque,
qui, le premier, donna une formule à peu

près exacte et complète du feu grégeois.
— La poudre à canon, qui devait plus
tard le remplacer, et dont les effets sont
aussi terribles et plus certains, est décrite
d'une façon presque complète dans son
Livre des Feux: — il cite un nombre
considérable de compositions ayant
pour trait de véritables feux d'artifice,
il décrit la fusée, les pétards, les doubles
pétards et le feu volant.

On rencontre pour la première fois
de cette époque, mentionnée dans ses
ouvrages, la distillation de l'eau-de-vie
et de l'essence de térébenthine. Cette
circonstance trouve sa place ici, car,

comme on aura l'occasion de le voir, les eaux ardentes, et surtout l'essence de térébenthine entrent dans la composition de cet engin formidable, le feu grégeois. En effet, c'est peut-être à cause de l'addition des liquides inflammables, et des autres substances résineuses et huileuses, que ce feu brûlait sur l'eau. Et d'abord, il est intéressant de passer en revue les différents moyens indiqués par l'auteur, pour combattre l'ennemi à distance. 1° La fusée, il fait réduire en poudre, dans un mortier de marbre, du soufre, du charbon, du salpêtre. On introduit ce mélange dans une enveloppe

12.

longue et bien soudée, on y met le feu, et la fusée vole en l'air. (Fusée volante.)

Si, au contraire, on veut imiter le bruit de la foudre et du tonnerre, l'enveloppe doit être courte et liée fortement avec une ficelle. (Pétard.) Feux volants : il faut prendre une partie de colophane, autant de soufre, du salpêtre, on dissout ce mélange pulvérisé dans l'huile de lin, on le place dans un jonc creux, on y met le feu, et il s'envole vers le but qu'on veut atteindre, incendier ou mettre en feu.—Canon, soit dit en passant, vient du mot *canna*, jonc dont on se servait comme de fusil.

L'habitude des thaumaturges de stupéfier les masses par des mélanges spontanément inflammables, pourrait bien faire supposer que, dans les combats, ils se servaient sinon de ces mêmes feux, ou du moins de compositions analogues.

Tout fait porter à croire que l'invention de la poudre à canon remonte à une origine plus antique qu'on ne pourrait le supposer. Il est évident que le feu grégeois a contribué beaucoup à son invention, et que du reste la poudre à canon était une modification de cet engin inflammable.

La mythologie nous montre les Dieux ayant à combattre les Titans: la victoire leur est donnée au moyen d'armes foudroyantes; et on voit toujours sortir des ateliers de Vulcain, les Cyclopes portant à Jupiter les éclairs et la foudre. Or, la terre tenait ces armes redoutables renfermées dans son sein. En effet, que trouve-t-on dans la terre ? Le salpêtre, le naphte, le bitume et le soufre, qui étaient les principales bases de ces matières inflammables et fulminantes des anciens.

Le feu grégeois et la poudre à canon pouvaient donc avoir été connus l'un et

l'autre dès la plus haute antiquité. Il
est probable qu'ils servaient presque en
même temps. D'ailleurs, dans les formules qui sont venues jusqu'à nous, on
rencontre deux ou trois éléments ren-
trant aussi bien dans la composition du
feu grégeois que dans celle de la poudre
à canon. Ces matières spontanément inflammables, mélangées à d'autres corps
gras, devaient, tout en produisant une
commotion violente, comme celles qui
sont pratiquées pour l'explosion des
mines, continuer leur effet incendiaire
sur les navires, les maisons et les soldats
sur lesquels elles étaient lancées. Ces

compositions pyrriques devaient faire
ressembler ceux qui s'en servaient à des
espèces de divinités lançant la foudre et
les éclairs, quand ceux qui étaient l'objet de leur massacre, ne connaissaient
point cette terrible invention, n'en
avaient pas même la notion la plus
vague.

Enfin, ce qui faisait que tant d'épouvante et d'étonnement se faisaient ressentir, c'est que le secret de ces compositions n'était nullement divulgué, et
que les princes qui entreprenaient des
expéditions ou des batailles dans lesquelles l'usage de ces feux était mis en

pratique, en avaient pris, comme dépo-
sitaires et comme fabricants, des gens
sur la discrétion desquels ils pouvaient
compter.

Marcus Graecus a, pour ainsi dire, l'honneur de l'invention de la poudre à canon,
car sa fabrication a pour bases les formules employées presque en totalité
encore aujourd'hui. C'est lui qui indiqua
le moyen de combattre les ennemis tant
sur terre que sur mer. *La sandaraque,
le sel ammoniac, la poix liquide,* sont les
substances qu'il fait employer. Il fait
réduire en pâte le sel ammoniac dissous
et la sandaraque, et y fait ajouter la

poix liquide. Selon lui, il est imprudent de faire le mélange de cette composition dans les maisons ; il est utile de le faire en plein air, car on encourrait un danger certain, si le feu venait à s'y communiquer.

Cette composition est destinée à combattre l'ennemi sur terre, au moyen d'étoupes imbibées et enflammées, et lancées avec des machines et des leviers.

Le moyen pour combattre l'ennemi sur mer ne manque pas d'une certaine finesse. L'auteur fait remarquer que, pour opérer en cas de combat naval, il faut prendre une peau de chèvre et mettre deux livres de la composition décrite plus haut. Si l'ennemi se trouve à une distance plus éloignée, on en mettra le double, et on opérera comme il suit : il faudra attacher le paquet à une tringle de fer, sa partie inférieure doit être aussi recouverte d'une composition inflammable analogue à celle qui se trouve renfermée dans la peau de chèvre; on place sous cette espèce d'outre une planche proportionnée à la grosseur de la tringle, on y met le feu sur le rivage, l'huile s'allume, coule sur la planche, et tout l'attirail navigant met le feu sur tout ce qu'il rencontre.

13

« *Ipsum veru inferius sepo perungues lignum, prædictum in ripâ succendes et sub utre locabis. Tunc vero, oleum sub veru et super lignum distillans accensum super aquas discurret, et quicquid obviam fuerit concremabit.* »

Après cela vient la description d'un feu qui incendie les maisons ennemies placées sur des montagnes, ou n'importe dans quel autre lieu. Pour ce moyen, il indique des flèches possédant quatre têtes carrées: on les trempe dans le mélange dont il donne la composition, on les en enduit, on les allume et on les lance avec l'arc, en quelque lieu que ce feu tombe, il porte l'incendie, et si l'on se sert de l'eau pour l'éteindre, elle ne fait qu'en augmenter l'intensité.

Voici sa formule: huile de pétrole (*balsami sive petrolii*), une livre, moelle de Canna ferula[1] (*medullæ cannæ ferulæ*) six livres, soufre (*sulphuris*) une livre, graisse de bélier liquéfiée *penguedinis arietinæ liquefactæ*), une livre, huile de térében-thine, quantité voulue (*et oleum tereben-thinæ sive de lateribus vel anethorum.*)

Il indique aussi la composition d'un feu pour incendier l'ennemi partout où il se trouve: *ad comburendos hostes ubique*

[1] *Canna ferula.* — La moelle de ces roseaux servait d'excipient; elle faisait l'office des étoupes.

sitos. Il est composé d'huile d'Éthiopie, d'alkitron et d'huile de soufre. Ce feu est sans doute lancé de la même manière que les précédents. Vient ensuite un autre feu pour mettre sous les tentes ennemies. Pour le composer, il faut prendre de l'alkitron et de l'huile de bœuf; il y fait ajouter de la cire de manière à faire une pâte très-épaisse; on en frotte une vessie de bœuf à plusieurs reprises, on l'allume ensuite avec un morceau de bois enflammé [1], et on la place sous la

(1) Dans son ouvrage, l'auteur indique de se servir du bois de *marrube* de préférence à un autre, et voici pourquoi : le marrube est une plante de la famille des labiées, qui est cotonneuse et son bois garni d'un duvet devait bien s'enflammer et servir de mèche portative.

tente ennemie pendant une nuit orageu-
se: le vent soufflant aide à propager la
flamme, tout ce qui se trouve autour est
incendié, et si on y jette de l'eau, on
ne fait que donner plus d'aliment à l'incendie.

« *Quocumque enim ventus eam sufflaverit,*
quicquid propinquum fuerit comburetur;
et si aqua projecta fuerit, letales procreabit
flammas. »

Aristote lui-même prétendait incendier les maisons situées sur les montagnes : il faisait prendre de la poix liquide, de l'huile d'œufs, de la chaux non
éteinte; il faisait frotter, au temps de la

canicule, les herbes et les pierres, il les faisait enterrer sous du fumier, les pluies d'automne occasionnaient la combustion. *Auctomnalis pluvia dilapsu succenditur.*)

Le mélange d'Aristote était-il inflammable et combustible? car on sait que la chaux vive arrosée d'eau détermine la chaleur qui peut très-vivement faire enflammer certains corps, tels que le soufre, le phosphore, l'huile de naphte; mais l'huile d'œuf?...

Quant aux pluies, il n'y a rien d'étonnant à ce qu'elles agissent sur les pierres calcaires surtout. Buffon, dans la *Théorie de la Terre,* prouves, au xviᵉ paragraphe, fait remarquer qu'on a observé « que les matières rejetées par « le mont Etna, après avoir été refroi- « dies pendant plusieurs années, ont « rejeté elles-mêmes des flammes avec « une explosion assez violente, qui « produisait même un petit tremble- « ment sous l'influence de la pluie. »

Les pierres dont Aristote parle, et qu'il fait enterrer dans le fumier, sont sans doute des pierres volcaniques, analogues à celles du mont Etna, ou toutes pierres calcaires provenant d'une éruption.

Marcus Græcus donne aussi la compo-

sition d'un feu pour faire sauter la mine;
mais le but en est perfide, car il cache
une ruse de guerre, comme du reste on
va en juger. Sous prétexte, dit-il, d'envoyer des parlementaires pour traiter de
paix, ils seront chargés de déposer dans
les excavations qui entourent le camp de
l'ennemi une composition qui, enflammée par la chaleur du soleil, ferait
tout sauter et répandrait l'incendie
partout.

Toutes ces considérations n'éloignent
pas du sujet principal, le feu grégeois,
qui n'était qu'une variante de toutes les
formules que nous avons exposées. Il

serait fastidieux d'énumérer ici toutes les formules, parmi lesquelles se trouvent quelques-unes qui seraient très-utiles aux banquistes qui mangent et qui touchent le feu sans en subir les cuisantes atteintes. Marcus Græcus donne la composition propre à rendre le feu bénin; la voici en deux mots :

Il faut dissoudre la chaux dans de l'eau de fèves chaude, on y ajoute de la terre de Messine, de la mauve et du viscum; on s'en frotte les mains, et on les laisse sécher. Enduites de ce mélange, elles peuvent toucher des charbons ardents sans avoir aucune brûlure. Il serait

très-léger de s'assurer de la véracité de
la recette ; en faisant l'expérience, il en
cuirait sans doute.

Après toutes ces données, il arrive à
la recette du feu grégeois.— Il se com-
pose, suivant lui, de soufre, de tartre,
de sarcocolle, de poix, de salpêtre
fondu, d'huile de pétrole et d'huile de
gemme. On fait bien bouillir le tout
ensemble, et on imbibe des étoupes
qu'on allume, on y met le feu, et des
machines de guerre les lancent sur les
vaisseaux et sur les camps ennemis.

Tous ces feux, comme on vient de le
voir, ne roulent que sur une série de

matières s'enflammant presque spontanément. Le lecteur pourra sans doute
se poser une question qui aura sa
raison d'être, en faisant observer si
toutes ces compositions sont bien véri-
tablement analogues au feu grégeois lui-
même.

Comme nous avons eu l'occasion de
le dire, ce ne peut être que par déductions tirées de la mythologie et de l'histoire qu'il est aisé d'arriver à soupçonner une composition se rapprochant
de ce feu.

L'huile de naphte, connue de toute
antiquité, ne renferme-t-elle pas en elle-

même toutes les propriétés comburentes et inextinguibles attachées à cet engin meurtrier? Le soufre, le salpêtre et les résines auraient servi d'aliments faciles à cette base première (huile de naphte), déjà si inflammable par elle-même.

Les eaux ardentes (acool et essence de térébenthine) comme adjuvants et comme possédant la propriété de brûler sur l'eau, n'auraient-elles pas aussi accru le pouvoir destructif d'un incendie se propageant partout, et rendu plus intense par l'eau qu'on y projetait pour l'éteindre?

Qu'on suppose ce qui arrive, en effet,

dans les incendies occasionnés par le pétrole ou l'huile de naphte, qu'on jette quantité d'eau pour éteindre les flammes, elles ne font que se répandre davantage, coulant çà et là avec la rapidité des feux-follets, et les éclaboussures ne font qu'embraser plus rapidement les objets qu'on voudrait préserver. Il n'y a donc que le moyen indiqué par les anciens, c'est de l'éteindre avec de la terre ou de la poussière.

Le secret dont était entourée cette préparation qui n'était connue que de quelques adeptes, liés par des serments qui entraînaient avec eux les peines les

plus terribles, ce secret donc n'a pu
être jamais divulgué d'une façon complète, et les formules venues jusqu'à
nous se perdant dans la nuit des temps,
n'ont pu être composées que par synthèse, quant à l'addition d'autres
substances inflammables, la base, comme
nous le savons, étant déjà connue.

Plus applicable sur mer que sur terre,
les effets de ce feu anéantissant tout
devaient être terribles; il pouvait, en
effet, en raison de la densité des huiles
inflammables, se répandre avec une vigueur surprenante, d'autant mieux que
la division de la flamme devait s'opérer

seule en raison de la mobilité de l'élément sur lequel elle était conduite[1]. Les
galères et les vaisseaux chargés de bois,
goudronnés pour la plupart, donnaient
une prise plus facile encore aux flammes,
car le *pix liquida* de Pline servait nécessairement aux constructions navales de
cette époque.

Voici donc pourquoi l'effet en était
plus terrible sur mer ; qu'on ajoute à
cela les vents déchaînés et la tempête,
la mêlée devait être d'autant plus ter-

(1) Serait-il ici nécessaire de citer à l'appui de mes suppositions
l'exemple malheureusement trop frappant de l'incendie de Bordeaux,
causé par ces mêmes matières.

rible que ce feu, lancé par des machines
avec vigueur et précision, faisait nombre
de victimes, harcelées et désespérées
par un feu subtil que rien ne pouvait
vaincre.

Ceux qui, à cette époque, se servaient
sur terre de cet engin meurtrier, pas-
saient aux yeux des peuples pour des êtres
surnaturels ayant à leur disposition la
foudre et le tonnerre. En cas de guerre
navale, rien de plus rationnel que le sys-
tème dont nous avons parlé; mais une détonation devait encore bien plus exercer
de terreur sur l'esprit de ceux qui étaient
atteints par les projectiles.

Pline (*Histoire naturelle*, lib. II, chap. LIII), raconte l'histoire de Porsenna tuant d'un coup de *foudre* un dragon monstre qui ravageait le territoire de son royaume. On connaît aussi l'histoire des magiciens étrusques qui offraient de repousser par la foudre et le tonnerre les Goths commandés par Alaric, voulant assiéger la ville Éternelle, mais la répugnance venant à s'en mêler, le peuple refusa. La ville capitula. (Sozomen, *Histoire ecclésiastique*, lib. IX, chap. VI.)

Chez les anciens, la pyrotechnie, comme on le voit, n'était donc point un

vain mot, les mélanges détonants leur
étaient connus, et la grande ressemblance qu'ils avaient avec la foudre se
retrouve dans tous les récits mytholo-
giques.

Si on est tenté de faire disparaître pour
un instant la fable, on doit voir que les
magiciens et les rois qui les possédaient
étaient fiers de garder pour eux seuls
le secret d'une préparation fulminante
qui les faisait passer pour des Dieux
armés de la foudre et du tonnerre. Ces
secrets qui ne peuvent être qu'une composition analogue sans contredit à la
poudre à canon, sont donc tombés dans

l'oubli. La raison est facile à concevoir, quand, comme pour le feu grégeois et d'autres inventions plus importantes encore, la discrétion la plus profonde était assurée par des lois sévères.

CHAPITRE III

Au treizième siècle, les effets du feu grégeois sont plus
clairement établis. — Relation complète de Joinville sur la manière
dont les Turcs lançaient ce feu sur les Croisés. — Origine
des canons, des bombardes, des falots et de la bombe. — Poudre à tirer
le canon. — Les Turcs à l'attaque de la Mecque. — Le siège d'Algésiras.
La bataille de Crécy. — Ancien monument
d'après Durange, attestant l'usage de la poudre à canon en France.
Considérations générales, conclusion.

Passons maintenant à une période plus
récente, au treizième siècle, où les effets
du feu grégeois, sinon sa composition,
sont plus clairement établis.

On lit dans les *Mémoires de Joinville*, non la composition, mais une certaine façon avec laquelle était lancé le feu grégeois. Je traduis le vieux français en langue nouvelle, ce style est trop suranné et possède beaucoup d'expressions dont tout lecteur ne se rendrait pas compte. Voici donc comment les Turcs lançaient le feu grégeois sur les Croisés :

« Un soir il arriva que les Turcs em-
« menèrent un engin avec lequel ils
« lançaient des pierres, un terrible
« engin qui pouvait causer des ravages
« considérables. Ils le placèrent vis-à-
« vis la tente où messire Gauthier de

« Curel et moi guettions pendant la
« nuit. Avec cet engin ils nous lancèrent
« le feu grégeois, qui était la plus
« horrible chose que jamais nous ayons
« vue.

« Quand le bon chevalier messire
« Gauthier, mon compagnon, vit ce feu,
« il poussa un grand cri et nous dit :

« Seigneurs, nous sommes perdus à
« tout jamais, et sans aucun remède, car
« si nos tentes sont brûlées, nous
« sommes aussi morts, et si nous y
« laissons nos gardes seuls, c'est une
« honte pour nous. Il n'y a que Dieu
« notre Créateur qui puisse seulement

« nous préserver d'un péril pareil. Je
« vous conseille donc à tous, toutes les
« fois qu'on nous lancera le feu gré-
« geois, de vous jeter sur les coudes et sur
« les genoux, et crions merci à notre
« Seigneur, en qui est toute-puissance.

« Tandis que les Turcs lançaient les
« premiers feux, nous nous accoudâmes
« et nous mîmes à genoux, ainsi que
« nous l'avait recommandé cet homme
« prudent.

« La première fois, le feu grégeois
« tomba entre nos deux tentes, sur une
« place qui avait été faite devant par nos
« gens, pour arrêter les eaux du fleuve ;

« le feu fut éteint par un homme qui
« avait l'habitude de le faire.

   « Le feu grégeois était lancé avec une
« telle violence, qu'il arrivait devant
« nous aussi gros qu'un tonneau, et
« d'une grande longueur, et durait bien
« comme une demi-*canne de quatre pans*.
« Il faisait tellement de bruit en arrivant
« qu'on aurait dit que c'était la foudre
« qui tombait du ciel; il ressemblait à un
« grand dragon qui aurait volé en l'air,
« et il jetait une si grande lumière,
« tellement la flamme était intense, qu'il
« faisait clair en nos tentes comme en
« plein jour. — Quatre fois ils nous

« lancent le feu grégeois avec la *perrière*,
« et quatre fois avec l'arbalète à retour.

« Toutes les fois que notre bon roi
« Saint-Loys voyait qu'ils nous lançaient
« ainsi ce feu, il se jetait à terre, tendait
« ses mains la face tournée vers le ciel,
« et disait en pleurant à chaudes larmes :
« Beau sire, Dieu Jésus-Christ, protége-
« moi et toute ma suite. » Crois-moi, que
« par ces bonnes prières et oraisons
« nous eûmes bon métier.

« Chaque fois que le feu tombait, il
« nous envoyait un de ses chambellans
« pour savoir en quel point nous en
« étions, et si le feu nous avait blessés.

14

« Une autre fois que les Turcs jetèrent
« le feu, il tomba près des tentes que
« gardaient les gens de monseigneur de
« Gorcenay, il tomba sur les rives du
« fleuve qui était devant eux; il arrivait
« *tout ardent*, droit sur les soldats ; aus-
« sitôt, je vois accourir à moi un che-
« valier de cette compagnie qui s'en
« venait, criant : *Aidez-nous, sire, car*
« *nous sommes tous ars (morts), et mieux :*
« *brûlés car viez cy comme une grande*
« *haie de feu grégeois que les Sarrasins*
« *nous mistraient, qui vient droit à notre*
« *chastel. Tantoust courûmes là dont*
« *besoing leur fut, car, ainsi que disait le*

« *chevalier ainsi estait-il et estaignîmes le*
« *feu à grant ahan et malaise.* »

« Car, de l'autre part, les Sarrasins
« nous tiraient à travers le fleuve, traits
« et pierres dont nous *estions tous plains.* »

Dans les Mémoires de Joinville, ce
n'est pas la seule fois qu'il parle du feu
grégeois. Dans une note spéciale à ce
même chapitre, il dit qu'il était composé
de poix et autres gommes retirées des
arbres, de soufre et d'huile. — La manière dont on s'en servait sur mer,
consistait aussi à en remplir des brulôts
qu'on faisait voguer au milieu des flottes
ennemies, et qui les embrasaient ; tantôt

on en mettait dans de grands tuyaux en
cuivre, placés sur la proue des vaisseaux
de course, et on les soufflait contre les
bâtiments qu'on voulait détruire. Toujours d'après le même auteur, on lançait
avec des machines des épieux de fer
aigus, entourés de matières combustibles,
ou des vases remplis de ces matières,
vases qui se brisaient en tombant.
(Origine de la bombe.)

Ces quelques lignes, empruntées à
Joinville, expliquent parfaitement
l'action du feu grégeois, ses effets terribles, et combien l'intervention d'un
semblable engin semait partout la

panique, la souffrance et la mort. On comprend, en effet, que des étoupes imbibées d'un mélange inflammable et pareillement incendiaire, lancées avec des machines ou des arbalètes à retour, devaient acquérir une flamme bien plus vive en parcourant l'air avec tant de rapidité.

L'explication que donne Joinville sur la façon dont le feu grégeois arrivait, lancé avec impétuosité, et produisant un bruit comme si la foudre *cheust du ciel*, fait voir que les mélanges détonants, et partant que la poudre à canon, ou qu'un engin de composition semblable et aussi meurtrier était connu dès la plus haute antiquité, et cette composition, comme nous avons eu l'occasion de le dire, était une modification de ce feu qu'on connaissait avant la poudre.

L'invention de la poudre n'est donc pas, d'après certaines autorités, aussi moderne qu'on pourrait le supposer.

Dans une dissertation reproduite par ls *Magasin encyclopédique*, M. Langlès soutient que les Maures ont fait usage, seulement au commencement du quatorzième siècle, de la poudre à canon ; tout, au contraire, fait porter à croire que les Turcs s'en servirent contre les

Croisés du temps de saint Louis ; déjà même, en 690, ils s'en étaient servis dans l'attaque de la Mecque.

Le feu grégeois n'a pas toujours été employé d'une manière bien suivie ; des interruptions dans son application ont eu lieu à différentes reprises. Manuel Commnène s'en fit une arme terrible, comme toujours, dans sa lutte contre Roger de Sicile : le feu grégeois était lancé sur les galères. — Alexis Commnène parle de lions en bronze placés sur la proue des vaisseaux, qui lançaient de la flamme dans toutes les directions, et suivant les impulsions qu'on voulait lui don-

ner. Enfin, Anne Commnène mentionne
des feux que les soldats lançaient au
moyen de tubes sur les ennemis ; la
formule qu'il en donne ne dénote pas
un mélange détonant, car c'était un
simple mélange de soufre et de résines
réduites en poudre.

Les lions en bronze rappellent les
taureaux ignivomes de Médée, instruments propres à lancer le feu grégeois.

Enfin, toutes les formules données
depuis les temps les plus anciens ne
sont point toutes véridiques, et ceux qui
les ont données en ont émis de fausses ;
c'était tout simplement pour dérouter

les curieux et les profanes, et pour rendre plus mystérieuses encore des choses si soigneusement cachées.

Ce fut Marcus Græcus qui donna des formules raisonnables, avec un bon sens à peu près net, tant dans la composition que dans l'effet, et c'est en vertu de ce fait que c'est le seul auteur qui puisse jouir d'une certaine autorité.

Ainsi donc, quoiqu'on ait voulu faire remonter l'invention de la poudre à canon au milieu du quatorzième siècle, on peut se convaincre, d'après les documents qu'on vient de lire, que son invention est bien plus éloignée de ce temps qu'on ne le pense généralement. — Les laboratoires des alchimistes avaient vu l'expérience de ces mélanges détonants.

On dit, et le fait est accrédité par l'histoire, que la bataille de Crécy fut remportée par les Anglais, à la faveur de boulets lancés avec fracas par des bombes (1346); cependant, comme nous l'avons vu dans le siége de Rome par Alaric, les magiciens étrusques proposèrent de repousser l'ennemi au moyen de la foudre et du tonnerre, et que, par scrupule, les habitants s'y opposèrent; mais aussi, trois ans avant la bataille de

Crécy, les Maures, pendant le siége
d'Algésiras, lancèrent des boulets de fer
sur les chrétiens, et les Anglais, présents
à ce siége, en auraient rapporté chez
eux la découverte, pour en faire usage
plus tard à la bataille de Crécy.

Quant à l'invention des canons, elle
est aussi d'origine fort ancienne, le nom
en vient de *cana*, tube, parce que, comme
on l'a vu, on avait pour habitude, dans
le principe, de lancer par le simple effet
du souffle le feu grégeois. — Sous
Louis XI et ses prédécesseurs, on se
servait encore souvent de l'arbalète ;
l'usage des armes à feu ne fut d'un emploi

régulier et universel que vers la fin du règne de Charles-Quint.

Le plus ancien monument qui atteste l'usage de la poudre à canon en France, est dans un des comptes de Barthélemy Drac, trésorier des guerres au quatorzième siècle, car on lit dans le Glossaire de Ducange, au mot *Bombarda*: « A Henri de Faumechon, pour avoir poudres et autres choses nécessaires aux canons qui étaient devant Puy-Guillaume, etc..... »

Les documents qu'on vient de lire, tout en donnant une idée des matières inflammables connues sous la dénomination générique de feu grégeois, et dont les effets si terribles épouvantaient les anciens, ne nous conduisent pas d'une façon bien positive à pouvoir affirmer rigoureusement que telle ou telle substance entrait dans la composition de cet engin meurtrier.

On a dit que la poudre à canon aurait été une invention bien antérieure au feu grégeois, et même plusieurs auteurs

15

semblent déclarer qu'ils pouvaient bien être un dérivé l'un de l'autre.

Ces suppositions ne sauraient être accréditées; il suffit de discuter les effets de ces deux compositions pour se rendre un compte aussi exact que possible sur leur nature mutuelle. La différence de leurs deux modes d'action peut s'établir en peu de mots.

A savoir :

Substance *combustive*, substance *propulsive*.

Le feu grégeois, substance combustive, était donc lancé tout enflammé sur les

objets qu'on voulait atteindre ; et reste
à savoir alors si, en cas de guerre
navale, ce feu qui prenait seul, sur l'eau,
ne possédait pas dans son essence une
substance capable d'enflammer, à elle
seule, un mélange combustible inhérent
à sa composition.

On serait tenté de croire que la composition de ces feux, qui devait alors
servir dans deux cas, sur terre et sur mer,
différaient entre elles. On doit admettre,
dans ce cas, ce simple raisonnement :

En pleine mer, par exemple, comment aurait-on pu, sous peine de se
brûler soi-même, lancer une substance

liquide, inflammable, dont des étoupes
mêmes auraient été imbibées. On courait
le risque d'incendier le navire; car en
établissant même que les machines dont
on se servait pour cet usage fussent
pleines de précision, aurait-il été possible
de lancer ce feu sans que ceux qui le
dirigeaient n'en subissent eux-mêmes
les atteintes?

D'un autre côté, il est présumable
que, dans le combat naval, il était plus
sûr et mieux dans les ruses de l'ennemi
de lancer à l'eau une substance devant
s'enflammer spontanément, et causant
d'autant plus do frayeur et d'épouvante

qu'elle englobait traîtreusement le but qu'on voulait atteindre.

Voici donc pourquoi les formules citées dans le cours de l'ouvrage ne peuvent être considérées que comme des tâtonnements de la part de leurs auteurs, pour arriver à des faits que les historiens et la fable ont souvent dénaturés.

Il est vrai de dire qu'elles ne roulent toutes que sur la même base : la résine, la poix et les graisses, toutes substances propres à s'enflammer au contact du feu, mais ne pouvant le faire spontanément, chose qui aurait rendu cet engin terrible, surprenant, et possédant une action destructive, et d'autant plus épouvantable qu'elle prenait à l'improviste.

La chaux vive, dans cette circonstance, pourrait bien jouer un rôle aussi actif que nécessaire ; on pourrait donc croire alors que la composition connue sous le nom de *feu grégeois*, *spontanément inflammable*, renfermait dans son entier la chaux vive, mélangée à parties égales de soufre, d'asphalte liquide, de salpêtre et de graisse animale.

Des boules énormes de masses graisseuses auraient pu être obtenues, et la chaux, s'éteignant dans l'eau, aurait produit une élévation de température telle, que les matières combustibles se seraient spontanément enflammées.

Ici se place une question qui a sa raison d'être :

En admettant que, dans la composition de ces boules que nous supposons avoir existé, il se trouvât de l'huile de naphte, de l'asphalte liquide, aurait-on été certain d'avoir un degré de chaleur nécessaire et capable d'enflammer les huiles qui y étaient mélangées ?

Aurait-on obtenu une force coercitive assez énergique pour obtenir une diffusion telle, que l'huile enflammée, se divisant de tous les côtés, eût pu aller çà et là incendier telles ou telles galères?

Dans le premier cas, à propos des huiles de pétrole, de naphte et d'asphalte, on peut répondre affirmativement, car lorsqu'on verse de l'eau sur la chaux, il se produit un degré considérable de chaleur, 300°, et l'huile de pétrole, qui est excessivement inflammable, remplissait le but recherché.

Il ne faudrait pas non plus croire que cette huile de pétrole était analogue à celle dont on sert aujourd'hui pour l'éclairage, car on doit rejeter toute huile qui émet une vapeur inflammable au-dessous de 38°; cette huile doit être

exemple complètement d'huile de pétrole ; du reste, l'allumette enflammée
qu'on y jette doit s'éteindre après avoir
continué de brûler quelques instants.

Ce n'était donc pas l'huile de pétrole
consommée aujourd'hui, car il est bon
de dire que l'on obtient du pétrole
plusieurs espèces d'huiles à graisser,
légères et lourdes, variant entre une
densité de 83° à 90°; avec celles obtenues
pour l'éclairage, on ne possède donc pas
chez soi, à proprement parler, un petit
feu grégeois domestique.

On est donc forcé d'admettre que
c'était l'huile de pétrole naturelle, exis-

16*

tant dans des sources connues dès la plus haute antiquité, où quelques-unes étaient constamment enflammées, et qui partageaient avec les huiles de naphte le nom de *salces*, feux sacrés ou perpétuels.

Quant à la *maltha*, dont parle Pline, elle ne pouvait servir que comme adjuvant à l'incendie, car elle était solide ou glutineuse ; on comprend que les habitants de Samosaste l'aient jetée bouillante sur l'ennemi, mais non enflammée par le contact de la chaux, et sans être mélangée aux autres substances.

Qu'on ait usé des formules de Marcus

Græcus, rien de mieux, mais tout l'attirail qu'il décrit est d'une exécution
presque impossible; elles sont bien en
théorie, mais la pratique nous semble
difficile.

Il fait l'effet d'un esprit fantaisiste, se
lançant dans la recherche de formules
plus extraordinaires les unes que les
autres.

Les Romains, qui savaient mieux que
tout autre peuple perfectionner l'art de
la guerre, possédaient aussi toutes ces
substances résineuses inflammables,
qu'on voit figurer dans la soi-disant
composition du feu grégeois.

Vouloir donner la véritable formule, serait donc une erreur; ce n'est que par synthèse qu'on peut arriver à un aperçu de ce qu'il aurait pu être.

Non, disons-le donc avec assurance, la poudre à canon et le feu grégeois sont deux engins de guerre différant essentiellement l'un de l'autre, tant dans la composition que dans l'effet; et la force coercitive de l'un occasionne des destructions plus terribles encore que l'autre.

L'un agissait tout enflammé, l'autre est bien plus puissant de toute manière, pouvant, par sa force de déplacement, incendier de bien plus loin encore, exemple le boulet rouge.

La poudre, comme chacun le sait, est un mélange intime de soufre, de charbon et de nitre ; on en distingue trois espèces principales : la poudre de guerre, la poudre de chasse et la poudre de mine.

On sait que la poudre s'enflamme facilement eous l'influence de la chaleur, et qu'elle développe instantanément un volume considérable de gaz, qui agit alors comme un ressort énergique qui se débanderait subitement.

Il est facile de se rendre compte de l'effet dynamique de la poudre, et de la grande quantité de gaz qu'elle produit.

Il serait possible d'augmenter la quantité de gaz produite, en introduisant assez de charbon dans la poudre pour transformer tout l'acide carbonique en oxyde de carbone, mais on diminuerait la chaleur; or, la chaleur influe beaucoup sur l'action dynamique de la poudre. On peut considérer la poudre à tirer comme un mélange de proportions définies, dont la combustion donne naissance à du sulfure de potassium, à de l'azote, à de l'acide carbonique; il se forme aussi, indépendamment de ces trois corps, de l'oxyde de carbone, de l'acide sulphydrique, de l'hydrogène carboné, du sulfure de carbone, du sulfate et du carbonate de potasse, du cyanure de potassium, et de la vapeur d'eau.

Quelles quantités énormes de volumes de gaz développés au moment de la combustion, et quelle influence ils exercent sur ses effets balistiques !!!

Au moment où l'explosion a lieu, les gaz se trouvant portés à une température très-élevée qui les dilate considérablement, on peut admettre qu'un volume de poudre donne en brûlant au moins 2,000 volumes de gaz.

La température produite au moment de l'explosion est très-élevée, elle est évaluée à plus de 1,200°, elle est suffisante pour faire fondre l'or, les pièces de monnaie, le cuivre rouge, elle ne détermine pas la fusion du platine.

Pour que cette température atteigne le maximum, il faut que la combustion de la poudre se fasse très-rapidement, afin que la chaleur agisse sur le mélange gazeux, le dilate et augmente sa force élastique.

La portée minimum de la poudre dans les essais, au-dessous de laquelle elle n'est pas admissible, est de 225 mètres.

Quant à la vitesse initiale, elle doit être, la charge étant de dix grammes, la balle, de 16 millimètres de diamètre, de 450 mètres par seconde.

Voilà donc des propriétés bien établies, qui sont toutes différentes de l'action de l'engin de guerre ou le feu grégeois, que nous avons mis en parallèle.

Quoi qu'en dise Aristote et sa docte cabale, pour incendier les maisons à distance, un coup de canon à boulet rouge aurait plus de force que le feu volant composé de colophane, de soufre et de salpêtre.

Mais ce qui paraît certain, c'est que

le feu grégrois avait, dans sa composition, deux éléments de la poudre à canon : le soufre et le salpêtre.

Quitte à commettre des redites, il faut bien établir que, par la composition qui en est donnée et par les formules qui semblent être les siennes, ce feu ne pouvait, étant lancé, produire aucune détonation.

Que le nitre et le soufre entrent dans sa composition, bien; mais où sont les gaz qui pourront donner, comme dans la poudre à canon, une si grande force élastique? Il n'y a pas de compression !

Il est donc moralement impossible de

croire à cette qualité que quelques anciens auteurs semblent vouloir attribuer
à ce feu.

Il devait donc y avoir, je le répète, deux
compositions distinctes de ce feu grégeois : l'une spécialement destinée à
combattre l'ennemi sur terre, l'autre à
combattre sur mer.

Dans le premier cas, la composition
était lancée avec des étoupes enflammées,
au moyen de machines ; dans le second,
la composition, essentiellement modi-
fiée, prenait feu spontanément dans
l'eau, au moyen de l'extinction de la
chaux, mêlée aux substances décrites.

Dire, en se résumant qu'on a beaucoup exagéré les effets du feu grégeois,
serait chose véritable ; dire que ces
formules de moyen de destruction, en
passant par tant de gens qui les ont
commentées, ont été dénaturées, serait
chose probable ; il est donc bon de nous
en tenir à ce que nous avons écrit, en
arrêtant là les commentaires.

Quant à l'invention de la poudre à
canon, est-il bien aisé de préciser son
origine?

La poudre à canon était connue de
longue date chez les Chinois, mais son
application aux armes à feu est nou-

velle; et, d'après Willkinson, la poudre
de Chine contient les mêmes éléments
et dans les mêmes proportions que la
poudre de France.

Les Chinois ne se servaient principalement de la poudre à canon que dans
la fabrication des feux d'artifice.

Ce qui pourrait faire supposer que les
Chinois connaissaient depuis longtemps
la poudre à canon, comme tant d'autres
inventions, c'est qu'ils cultivaient les
arts à l'époque où presque toutes les
nations de l'Europe étaient dans les
ténèbres de l'ignorance.

Et enfin ce qui explique ce que nous

appellerons l'antériorité, l'accroisse-
ment et le perfectionnement des arts et
inventions chez les Chinois anciens,
c'est qu'ils ne s'attachaient nullement
aux faits qui n'avaient qu'une valeur
théorique, et ne recherchaient que les
faits pratiques. Positifs, messieurs les
Chinois !!!

On a vu plus haut, du reste, qu'on
pense que les Turcs se servirent de la
poudre à canon contre les Croisés, du
temps de saint Louis, et à l'attaque de la
Mecque.

Enfin, dans la période que nous venons de parcourir, quelques découvertes

et quelques arts nouveaux, sans être
fort utiles à la société, étendirent les
limites des connaissances humaines; la
plus notable, la plus importante est,
sans contredit, l'invention de la poudre
à tirer le canon, dont l'usage se répandit
bientôt dans toute l'Europe; et comme
morale, qu'il me soit permis de dire,
en terminant, que l'art de détruire les
hommes fit alors des progrès plus
rapides que l'art de les conserver.....
N'en pourrait-on pas dire autant de
l'époque actuelle?

FIN DE LA TROISIÈME PARTIE

QUATRIÈME PARTIE

NOTES

POUR SERVIR A L'ÉTUDE

DES ENGRAIS

DANS L'ANTIQUITÉ

I

Les documents concernant la chimie organique prennent naissance dans la plus haute antiquité.

Pline, dans son *Histoire naturelle*, Homère dans son *Odyssée*, Cicéron, dans son *Traité de la Vieillesse*, et Varron, dans *de Re Rusticâ*, exposent des préceptes utiles qui sont encore en vigueur aujourd'hui.

Dans l'ancienne Rome, fidèles à cet esprit pratique d'observations qui est pour eux un cachet tout particulier, les Romains se contentaient de faire connaître les effets de certaines substances organiques sans se perdre dans des théories vagues sur les causes de ces importants agents, dont on connaît aujourd'hui la véritable nature.

Et bien que manquant de preuves scientifiques, les données d'instruction première concernant cette partie de la science, étonnent par leur justesse et leur concision.

La mine la plus riche, qui a le plus

fourni de matériaux à la chimie organique, est sans contredit l'agriculture.
Et pour le prouver, je ne citerai que
les engrais, le vin, le vinaigre, la farine,
l'amidon, substances qui sont, toutes,
depuis la première jusqu'à la dernière,
des arsenaux complets de transformation
et de derivés sans nombre.

Ces substances ont été étudiées par
les anciens, et bien des choses que l'on
avrait pu croire nouvelles étaient connues dès la plus haute antiquité.

L'agriculture jouissait chez les Romains d'un grand honneur; c'est de
l'agriculture aussi que sont sorties, pour

ainsi dire, les plus grandes idées se rattachant à la chimie organique. Les agriculteurs d'alors — sans s'en douter peut-être,—ont donc jeté les fondements de cette chimie organique, dont l'influence en agriculture, dans les arts et dans l'industrie a opéré, est appelée encore à produire tant de merveilles.

Le Sénat Romain employa toute son influence à faire défricher les terres de l'Espagne; des colons italiens furent envoyés sous la protection des lois romaines dans les provinces les plus éloignées de l'Empire, pour s'occuper spécialement d'agriculture.

On sait du reste que Cincinnatus et Dioclétien ne dédaignaient point d'atteler la charrue, et que la petite ville de Salone, en Dalmatie, vit la main qui avait tenu le sceptre impérial s'adonner aux travaux des champs et cultiver la vigne.

———

II

Les anciens savaient que, quelle que soit la nature des amendements qui ont été employés pour fertiliser une terre arable, il arrive une époque où les principes deviennent tout à fait insuffisants en ce qu'ils ne donnent aux plantes qu'une partie des principes nécessaires à leur développement; les végétaux croissent dans un sol ainsi amendé, mais ils sont maigres et chétifs et leur récolte ne dédommage que très-imparfaitement le cultivateur de ses soins et de ses dépenses.

L'usage des engrais pour fertiliser le sol remonte donc aux temps les plus anciens. Ainsi Homère nous parle dans son *Odyssée* du vieillard Laerte qui fumait lui-même ses champs.

Comme aujourd'hui, tout fumier n'était pas indifférent. Ils en connaissaient plusieurs, mais ils accordaient surtout la préférence au fumier de pigeon qui, suivant eux, était placé en première ligne.

De nos jours encore le fumier de poule et principalement celui de pigeon constituent des engrais très-fertilisants, la *Poulette* et la *Colombine.*

Par sa composition chimique, le fumier de pigeon (et de poule a une très-grande analogie avec celle du *Guano.*

Cet engrais, excessivement actif, comme on le sait, renferme énormément de sels ammoniacaux ; aussi a-t-on le soin de le mélanger avec le plâtre pour en empêcher la volatilisation.

Les anciens, qui ne s'appuyaient pas sur la théorie d'une façon aussi appro-

fondie qu'on le fait de nos jours, com-
prenaient néanmoins la trop grande
activité du fumier de pigeon. Ils avaient
le soin aussi de le mélanger avec le
plâtre en recommandant surtout de la-
bourer la terre afin que l'absorption s'o-
pérât mieux (*ut medicamentum rapiatur*).
(Pline, chap. xvii, lib. VIII). Il est convenable de mélanger le fumier de pigeon
avec un peu de plâtre sec; si le terrain
est trop rude, il ne le fortifiera que
l'année suivante.

Après le fumier de pigeon, qui occupait le premier rang, vient en ordre de
supériorité le fumier de la chèvre, puis

17

le fumier de mouton, enfin le fumier de
bœuf et celui de cheval.

Cet engrais, que l'on désigne aujourd'hui sous le nom de *fumier de
ferme*, est formé par le mélange des
défections des animaux et de la paille
employée comme litière. Les excréments des animaux renferment, outre le
carbone, l'hydrogène, l'oxygène et
l'azote, des substances minérales for-
mées principalement de sulfates, de
phosphates, de chlorures alcalins et
terreux. Ces mêmes sels se retrouvent
dans les plantes; d'un autre côté la dé-
composition des matières organiques

des excréments et de la paille donne lieu à la formation d'acide carbonique et d'eau par la combustion du carbone et de l'hydrogène ; l'azote donne de l'ammoniaque. Ce fumier apporte donc dans le sol les éléments nécessaires à la nutrition des plantes, et modifie leur nature, en leur donnant des propriétés tout à fait supérieures en qualité à celles dont elles jouissaient auparavant.

Les anciens étaient donc bien pénétrés de ces principes, c'est pour cette raison que Théophraste nous apprend que l'engrais mélangé à l'urine est capable de transformer certaines plantes sauvages en plantes domestiques. (*De causis plantarum.*) Pline, chap. XVIII, lib. XI, s'étend aussi sur les propriétés du fumier de cheval et de bœuf, on peut, dit-il, dans les pays où il n'y a pas de fumier d'animaux, se servir de la fougère. La fougère, comme on le sait, est de tous les végétaux le plus riche en potasse, substance qui, en gé-néral, comme tous les alcalis, constitue l'essence même de l'engrais.

Les cultivateurs romains attachaient donc une grande importance à la question de l'engrais. Avant de se servir des excréments comme fumier, ils les faisaient sécher, les réduisaient en poudre et les tamisaient ensuite comme de la farine. (*Farina*, voir Pline.)

C'est donc ce qu'on appelle de la poudrette que préparaient les Romains pour engraisser leurs terres. Donc, *nil novi sub sole*, et cet engrais si employé depuis près d'un demi-siècle avait eu son application dans la plus haute antiquité.

Dans certaines contrées de la campagne romaine, Pline nous apprend que l'on se servait, comme on le fait encore aujourd'hui, de cendres de végétaux au lieu de fumier animal, encore cet em-

ploi dépendait-il de la nature du terrain
et des plantes à ensemencer. (*Hist. Nat.*
XVII, 9.)

Le plâtre, comme engrais, était employé beaucoup aussi. Le *marga* des
Romains n'était autre chose que le
plâtre avec lequel les Gaulois et les
Bretons fumaient leurs terres. Il était
surtout propre pour les pâturages et les
champs de blé. — Les Romains savaient
encore que le plâtre sec convient mieux
à un terrain humide, tandis que le plâtre
gras doit être employé dans un terrain
sec et aride. (Pline, XVII, 8.)

Ainsi donc, comme on le voit, les

Romains et même les Grecs connaissaient et savaient employer toutes
les espèces d'engrais, même ceux qu'on
pourrait croire nouveaux et qui jouissent
de nos jours d'une vogue bien méritée.

FIN DE LA QUATRIÈME PARTIE.

NOTE SUR NICOLAS FLAMEL.

Nicolas Flamel fut un des bienfaiteurs de l'église
Saint-Jacques-de-la-Boucherie, à Paris; dans les
caves de sa maison on a trouvé, longtemps après sa
mort, des vases, fourneaux et matras propres au
grand œuvre.

On a fait, jusqu'en 1756, des fouilles dans cette
maison. Un homme de distinction, en cette année,
après avoir déguisé son véritable motif, obtint
de la fabrique de l'église de Saint-Jacques-de-la-
Boucherie, la permission de réparer la maison
de Nicolas Flamel, maison située en face de cette
église, au coin de la rue des Écrivains. Cet homme
fit fouiller les caves, enlever plusieurs inscriptions
gravées sur des pierres, et ne trouvant rien de ce qu'il
cherchait, il fit exécuter des réparations, et disparut

17*

sans les payer aux maçons (*Histoire de Saint-Jacquee-de-la-Boucherie*, pages 163 et 164).

Il est probable que, pour cacher l'envie de posséder les trésors supposés, laissés par Nicolas Flamel, ce citoyen s'était servi du prétexte de réparations pour fouiller et s'assurer s'ils y étaient en réalité enfouis.

NOTE SUR LES CRAPAUDS

Les crapauds tiennent une grande place dans l'alchimie et la sorcellerie. Aujourd'hui, nous nous en moquons, mais c'était chose très-sérieuse au seizième siècle. Le peuple était persuadé que le crapaud avait la faculté de faire trouver mal ceux qu'il regarde fixement, et cette assertion est accréditée par un certain abbé Rousseau, qui a publié, dans le cours du siècle dernier, quelques observations d'histoire naturelle. Il prétend que la seule vue du crapaud provoque des spasmes, des convulsions, la mort même. Il rapporte qu'il voulut lui-même en faire l'expérience. Il tenait un gros crapaud renfermé dans un bocal, le reptile l'ayant regardé fixement, il se sentit aussitôt saisi de palpitations, d'angoisses, de mouvements convulsifs, et il raconte qu'il serait infailliblement mort si l'on n'était venu à son secours.

Elien Dioscoride Nicandre, de Colophon, dans le *Theriacâ et Alexipharmacis*, a écrit que l'haleine du crapaud était mortelle, et qu'il infectait les lieux où il respirait.

On cite l'exemple de deux malades qui, ayant pris de la sauge sur laquelle un crapaud s'était promené, moururent aussitôt.

Le crapaud était en horreur chez tous les peuples, excepté sur les bords de l'Orénoque où, pour le consoler de nos mépris, les Indiens lui rendaient les honneurs d'un culte. Ils gardaient soigneusement les crapauds sous des vases pour en obtenir de la pluie ou du beau temps, selon leurs besoins, et ils étaient tellement persuadés qu'il dépendait de ces animaux de l'accorder, qu'on les fouettait chaque fois que la

prière n'était point exaucée. — Inutile de dire que
c'est tout au plus de la répugnance que nous éprou-
vons aujourd'hui pour cet hôte assez utile de nos
jardins.

Enfin, M. Collin de Plancy, dans son *Dictionnaire infernal* (Plon, éditeur), raconte que les sorciers se servaient des crapauds pour l'exécution de
leurs maléfices, il ajoute le fait suivant :

Au mois de septembre 1810, un homme se pro-
menant dans la campagne, près de Bazos, vit un chien
qui se tourmentait devant un trou ; ayant fait creuser,
il trouva deux grands pots renversés l'un sur l'autre'
liés ensemble à leur ouverture et enveloppés de toile;
le chien' ne se calmant pas, on ouvrit les pots qui se
trouvèrent pleins de son au-dedans duquel reposait
un gros crapaud vêtu de taffetas vert. Du reste aussi,
dans une période plus reculée, les bergers de la Brie
sous Louis XIV se servaient, pour accomplir leurs sor-
tiléges, du sang de crapaud mélangé à d'autres ingré-
dients. (Voir mon *Essai historique sur les Poisons*,
Moulins, Fudez frères, 1868.)

NOTE SUR PARACELSE

Paracelse (Philippe-Auréole-Théophraste Bombart de Hohenheim) était d'un petit bourg près de Zurich, en Suisse, où il naquit en 1493. Son père, Guillaume, était fort habile dans les sciences et eut grand soin de son éducation Paracelse répondit beaucoup à cette faveur, et se sentant porté par son inclination à l'étude de la médecine, il y fit de grands progrès en peu de temps.

Il voyagea en France, en Espagne, en Italie et en Allemagne pour y connaître les plus célèbres médecins. A son retour en Suisse, il s'arrêta dans la ville de Bâle, où il enseigna la médecine en langue vulgaire allemande.

Il faisait la médecine en pratiquant une nouvelle méthode et se servait de médicaments chimiques. Cette méthode lui réussit si bien qu'il s'acquit une très-grande réputation, après avoir avoir guéri des maladies incurables.

Un chanoine nommé Joan Lichtenfels, étant à toute
extrémité, lui promit une somme considérable, s'il
le remettait en santé. — C'est ce qui arriva. — Mais
le chanoine refusa de payer la somme promise.
Paracelse le traduisit en justice, les juges n'ayant
condamné le chanoine à payer que la taxe ordinaire,
Paracelse en fut si outré, qu'il quitta Bâle, et se
réfugia en Alsace. Il se faisait gloire de détruire la
méthode de Galien. Ayant été appelé à Bâle, il y faisait
ses cours, non en latin, mais en allemand, ce qui
outrait les docteurs.

A sa première leçon, il se fit apporter les ouvrages
de Galien, d'Hippocrate et d'Avicenne, en construisit
un bûcher, y mit le feu, disant que ses souliers, sa
barbe et son bâton en savaient plus qu'eux. Il se pro-
clame chef d'une école nouvelle. On lit dans ses
œuvres, édition Henser, tome VI, page 399, ces
discours :

«Que faites-vous donc, physiciens et docteurs? Vous
ne voyez pas clair; votre prince Galien est dans

l'enfer, et si vous saviez ce qu'il m'a écrit de ce lieu, vous seriez épouvantés. Avicenne est à l'entrée du purgatoire ; j'ai entrepris avec lui l'or potable, la pierre philosopale, la thériaque. Vous ne voulez pas écouter mes discours ; mes disciples après moi feront connaître mes travaux et divulgueront vos sales drogues, avec lesquelles vous avez empoisonné les princes et seigneurs de la chrétienté.

« Parlez-moi plutôt des médecins chimistes, eux ne sont pas habillés de velours, ils n'ont ni gants, ni bagues ; ils attendent nuit et jour le résultat de leurs travaux, portent des tabliers et des culottes de peau. Ils sont noirs et enfumés, ils parlent peu, vantent leurs médicaments presque jamais, et travaillent sans cesse dans le feu ; aussi les différentes parties de l'art alchimique ne leur sont point inconnues. »

Néanmoins, lui qui s'était flatté de pouvoir conserver, par ses remèdes, un homme pendant plusieurs siècles en vie, mourut âgé de quarante-huit ans, et

fut enterré à l'hôpital de Saint-Sébastien de Salz-
bourg, où l'on voit son épitaphe. Il faisait sa compagnie habituelle de charretiers, hantait les cabarets
et, suivant son secrétaire, il ne faisait jamais son
cours sans être moitié en ivresse.

SOURCES PRINCIPALES DES SUJETS CONTENUS DANS
CE VOLUME.

Histoire des Sciences au moyen âge, d'Hœfer.

E. Salverte. — *Les Sciences occultes.*

Pline. — *Histoire naturelle.*

Horace. — *Satires.* — *Epode V.* — *Epode XVII.*

Journal des Connaissances utiles.

Journal encyclopédique des Sciences médicales.

Histoire naturelle de d'Orbigny.

Traductions de Celse et Dioscoride.

Gauthier. — *Essais sur la médecine dans les temps
les plus reculés.*

Cabanis. — *Révolutions de la médecine.*

Plaute. — *Comédies.*

Journal de pharmacie (1812).

Buffon. — *Théories de la terre,* paragraphe XVI.

Rouyer. — *Etudes médicales sur l'ancienne Rome.*

Plutarque. — *Vie des hommes illustres.*

Suétone — *Histoire des douze Césars.*

Tacite. — *De Moribus Germanorum.*

Martial. — *Epigrammes.*

Rollin. — *L'ancienne Rome.*

Tite-Live. – *Lib. XXIX.* Chap. 12.

Collection complète des mémoires relatifs à l'Histoire de France. Joinville, tome II, pages 235, 236, 237.

Marcus Græcus. — *Liber ignium, ad comburendos hostes*, édition de la Porte du Theil, Paris 1804.

Ducange. — *Glossaire.*

Dulaure. — *Histoire de Paris.*

Langlès. — *Dissertation insérée dans le Magasin encyclopédique*, 4me année, pages 333 à 338.

Sozomen. — *Histoire ecclésiastique*, lib. IX, chap. VI.

Vulturius. — *De Re militari*, lib. XI.

Porta. — *Magie naturelle*, lib. XII.

Cardan. — *De subtilitate*, lib. II.

Collin de Plancy. — *Dictionnaire infernal.*

Cadet de Gassicourt. — *Extinction de la chaux. Thèse soutenue devant la Faculté des Sciences.* Paris, 1812.

Dictionnaire des Sciences médicales, Cadet de Gassicourt, *Art de la distillation.*

Dictionnaire de Morerry.

Bernard de Palissy. — *OEuvres.*

Virgile. — *Géorgiques.*—viiie *Eglogue pharmaceutria.*

Sénèque. — *Medea.*

Contes merveilleux tirés d'Apulée.

Lucain. — *La Pharsale*, lib. VI.

NOTES EXPLICATIVES CONCERNANT

LES TERMES EMPLOYÉS DANS LA TROISIÈME PARTIE :

LE FEU GRÉGEOIS.

A. ALKITRAN. — Poix liquide.

B. NAPHTE. — Ce nom signifie feu liquide, étymologie: *naré, nager*, et PTHAT, — *feu* synonyme de Vulcain.

C. MALTHA. — Bitume.

D. SARCOCOLLE. — Espèce de résine, de nature indéterminée, en grains irréguliers, jaunâtres, demi-transparents, inodore, âcre, soluble dans l'eau et surtout dans l'alcool, insoluble dans l'éther, elle exsude d'un arbre de la famille des épacridées, arbrisseau de Perse, de l'Arabie ou de l'Inde. — Son nom lui vient de ce qu'on la dit propre à faire reprendre les chairs, de là son nom (*sarx*, chair ; *colla*, colle).

E. SANDARAQUE. — Résine en petites lames sèches, friables, transparentes, d'un jaune citron, comme celle du mastic ; odeur et saveur résineuse, connue sous le nom de gomme de genévrier.

Sous le nom de sandaraque, les anciens connaissaient aussi l'arsenic à l'état de sulfure.

E. AHAN. — Vieux mot français signifiant peine énorme.

J. MISTRAIENT. — Envoyaient, dérivé du mot latin *mittere*, envoyer.

J. — Les anciens, surtout les Indiens, semblent avoir connu un mélange analogue au feu grégeois. Pline raconte que les sages de l'Inde repoussaient les ennemis avec la foudre et le tonnerre.

K. — Le naphte et l'huile de pétrole étaient fournis aux anciens par les environs de Babylone.

Il ne sera pas déplacé ici de parler d'un produit doué d'une force explosive et d'une force propulsive intense, c'est nommer la *nitroglycérine*.

Des exemples fréquents du danger qu'offre cette matière, ont déjà été signalés: témoin l'accident arrivé il y a quelques années sur un chemin de fer de Belgique, par l'explosion de ce produit.

La glycérine, que tout le monde connaît aujourd'hui par ses propriétés adoucissantes, et dont la plupart ignore vulgairement la provenance, est le principe *doux des huiles*. — Elle a été découverte par Schèele, en 1770. — MM. Cap et Garot l'ont introduit il y a une douzaine d'années dans la matière médicale.

Quand elle est obtenue par évaporation dans le vide, elle a l'aspect d'un sirop épais, sa saveur est sucrée.

La plus belle et la plus limpide, comme aujourd'hui, est la glycérine de Price, obtenue en soumettant des corps gras, par exemple de l'huile de palme, à l'action de la vapeur d'eau surchauffée à 300° environ.

Les eaux de fabrique des bougies *stéariques* contiennent de ce produit en abondance, mais il faut avoir le soin de les purifier.

Cependant ce produit, qui paraît et qui est en réalité si inoffensif, acquiert des propriétés terribles, comme l'a démontré M. Sobrero.

En traitant préalablement une partie de glycérine déshydratée par un mélange refroidi de 4 p. 0/0 d'acide sulfurique à 66° et deux parties d'acide azotique à 50°, et versant ensuite dans l'eau froide, on obtient un liquide huileux, légèrement jaunâtre, inodore, amer, d'une densité de 1,60, insoluble dans l'eau, soluble dans l'alcool et dans l'éther, détonant violemment par la percussion, et au contact d'une lame métallique chauffée au feu. Aujourd'hui, ce produit paraît appelé à jouer un grand rôle de propulsion et d'explosion.

On voit donc que les idées des anciens ne manquaient pas d'une certaine justesse, quand ils introduisaient dans la composition du feu grégeois des huiles inflammables, provenant toutes de sources identiques (pétrole, huile de naphte, huile de houille), quand on voit aujourd'hui tous les dérivés sans nombre qui en sont tirés, et qui, pour la plupart, sont des corps doués de propriétés combustives et propulsives énergiques, — il suffit de donner pour exemple l'acide picrique et les picrates si tristement célèbres, qui, par une élévation de température, détonent violemment, en répandant une vive lumière. Or, l'acide picrique est retiré de l'huile lourde de goudron de houille.

Non qu'il existe une tant grande ressemblance entre ces produits et le feu grégeois, dont on vient de lire l'histoire, mais il est utile, je le répète, d'affirmer par des faits les effets analogues occasionnés par des compositions plus connues et mieux appréciées, qui joignent à leurs propriétés explosibles des effets propulsifs d'une puissance énorme.

TABLE DES MATIÈRES.

Première Partie.

DES VINS, DE LA BIÈRE, DE L'HYDROMEL, ETC.

Troisième partie.

LE FEU GRÉGEOIS. — ÉTUDE CRITIQUE ET HISTORIQUE.

CHAPITRE PREMIER.

CHAPITRE II.

CHAPITRE III.

Quatrième Partie.

NOTES POUR SERVIR A L'ÉTUDE DES ENGRAIS DANS L'ANTIQUITÉ.

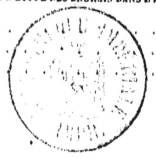

FIN DE LA TABLE DES MATIÈRES.

ERRATA.

Page 136, *lisez* : si on verse de l'eau de chaux dans du suc de betterave, etc, *au lieu de* : dans du sel, etc.

Page 149, *au lieu de* : Ethers chlorhydriques, sulfuriques, nitriques, *lisez* : chlorhydrique, sulfurique, nitrique.

Page 170, *lisez* : les métaux y prennent tous leur origine.

Page 178, lisez caractère.

Page 193, *au lieu de* : les taureaux ignivomes de Valentin, *lisez* : les taureaux ignivomes de Vulcain.

Page 207, *au lieu de* : Porsonna, *lisez* : Porsenna.

OUVRAGES DU MÊME AU[TEUR]

OEUVRES DIVERSES

Essai historique sur les Poisons.

Esquisse sur la Pharmacie au moyen âge, d[...]
des Arabes.

DISSERTATIONS DIVERSE[S]

Notes pour servir à l'Étude de la Chimie [...]
l'antiquité.

MOULINS. — IMPRIMERIE DE PÉNÉE [...]

Lightning Source UK Ltd.
Milton Keynes UK
UKHW02f1828290518

323416UK00004B/192/P